川からの都市再生
―世界の先進事例から―

財団法人 リバーフロント整備センター編

技報堂出版

韓国　清渓川の変遷

20世紀初頭の
清渓川と五間水橋

20世紀初頭の
清渓川

20世紀初頭の
清渓川と水標橋

清渓川の覆蓋工事
（1965年）

清渓川路と高架橋
（1978年）

清渓川再生プロジェクト

再生前の清渓川の風景

景観計画

橋梁計画

④ 構造物の撤去計画

（覆蓋構造撤去）

（橋脚撤去）

（河川造成）

⑤ 再生工事の進む清渓川

（2004年8月）

❻ 清渓川復元後のイメージ

清渓川復元後の
清渓川周辺計画
（鳥瞰図）

日本と世界の川の再生 ＜日本＞

東京の隅田川と河畔

広島市・太田川

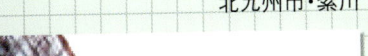
北九州市・紫川

徳島市・新町川

名古屋市・堀川

大阪市・道頓堀川

京都市・鴨川

東京・隅田川
川の中に設けられた
リバーウォーク

石川県七尾市・御祓川
御祓川沿いに、株式会社
御祓川がもつ寄合処

日本と世界の川の再生 ＜世界＞

中国・上海 蘇州川の風景

シンガポール・
シンガポール川と
河畔の風景

イギリス・
マージ川の
河畔風景

韓国・ソウル 漢江の
河川空間設備

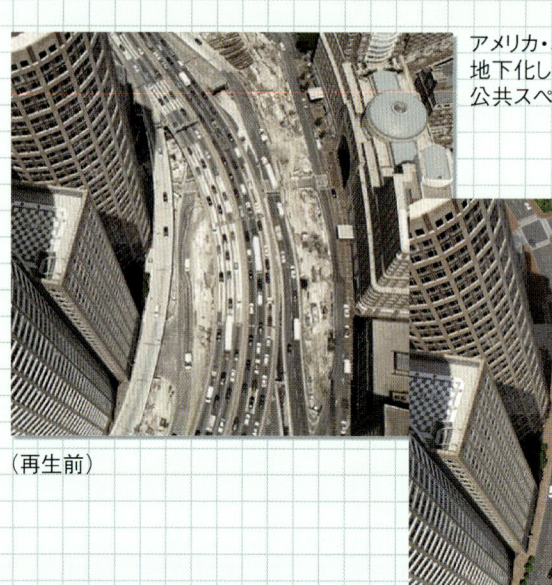

アメリカ・ボストン
地下化した道路空間の
公共スペースとしての整備

（再生前）

（再生後）

アメリカ・ボストン
高架高速道路
（セントラル・アーテリー）

フランス・パリの
セーヌ川の高速道路を
使った夏のイベント

まえがきにかえて──「文明の転換点」

財団法人リバーフロント整備センター理事長　竹村公太郎

ソウルの清渓川へ

　私は2004年の3月，週末を利用して1泊2日で韓国を訪問した。清渓川復元事業の現場をどうしても見ておきたかった。

　韓国ソウル特別市が実施している都市改造の事業である。30〜40年前，ソウルは清渓川をコンクリートで蓋をして道路にした。さらに，その道路の上に高速道路をも建設した。この事業はその高速道路とコンクリート蓋の道路を撤去し昔の清渓川を復活させようというものである。2002年7月のソウル市長選挙で当選した李市長の公約であり，その公約に基づき実施されることとなった。

　事業の目的はインターネットや海を渡ってくる文献で知ることができる。

　その目的は，老朽化が激しい高速道路を撤去する，清渓川流域の都市水害を防止する，密集した雑居空間を快適な環境都市空間にする，などであり，一つひとつの理由は理解できる。しかし，これら文字情報だけではこの事業の重要な点が納得できない。というのも，この事業の代償はあまりにも大きいからだ。

　老朽化した高速道路を撤去するまでは理解できる。しかし，さらにコンクリート蓋の道路を撤去して古い川を復元するという点が納得できないのだ。昔の川に戻すことで道路の車線を何本も失ってしまう。それでなくても激しいソウルの交通渋滞をさらに加速させてしまう。

　近代文明において，車がスムーズに走る道路整備は絶対の正義である。しかし，この事業はせっかく確保したその道路空間を手放すことになる。

　高速道路が老朽化しているなら再び建設すればいい。清渓川の水害対策が必要なら地下トンネル方式やポンプ排水など他の手法がある。密集した雑居空間なら都市再開発で再生させればよい。

　膨大な道路空間を犠牲にしてまで，なぜ，古い川を復活させるのか？

この事業を進めるソウルの人々の気持ちを知りたい。完全にわからないまでも，少しでもソウルの人々の気持ちに肉薄したい。そのためのソウル行きであった。

世界文明史で初めての都市改造

ともかく，まず現場に行った。清渓川復元の工事現場ではダンプが走り，生コン車が振動し，クレーンが回転していた。まさに工事は真っ盛りで，総延長5.8 kmの河川を復活させるため3工区の現場は競うように工事を進めていた。密集都市での大規模な工事にしては順調に推移しており，総事業費3 600億ウォンのこの事業は2005年9月に完成の見通しだという。

私の興味はただ一点，道路車線が大幅に失われる生活の不便さをソウルの人々はどう思っているのか？であった。

ソウル特別市には「清渓川復元推進本部」が設置され，市民委員会や研究者と調整を繰り返して事業が進められている。事業推進本部の責任者や工事現場の関係者，そして周辺住民にこの事業について聞いた。通訳が上手だったこともあり，彼らの答えは明快であった。

この事業で，600年古都ソウルの清渓川を復活させる。歴史文化と現代が調和した都市にする，自然豊かな川を中心とした都市にする，国際金融都市として活性化させる，1時間118 mmの集中豪雨にも耐えられる安全な都市にする，というものであった。

しつこく交通渋滞の不便さをどう考えるのか聞いた。商店街の一部は営業への影響を心配していたが，大部分の人々の答えは実にあっさりしていた。

バスや地下鉄運行の改善による深夜時間の延長，運行間隔の短縮，乗換え施設の増設などで利用者を吸収する。都市内流入への駐車管理システムや迂回路の整備で交通量の削減も図る。清渓川の商店街のため両岸2車線は確保する。これらの対策をしたうえで発生する交通渋滞の代償を支払うのはやむをえない。それが答えであった。

この事業は世界の文明史の中で特筆すべき都市改造となる。

効率第一の近代都市から，歴史文化や自然を中心に据えた非効率覚悟の都市へ変身する。かつて世界中を見渡して，このようなコンセプトでこれほど大規模な都市改造はなかった。

この人類文明の歴史的な事業をソウルの人々は実にあっけらかんと実現しようとしている。その彼らのあっけらかんさに私は心から驚きを感じた。

気球
　帰国の機上でワインを飲んでいると，ふっと「そうか気球だ！」と思った。
　20年前，気球に乗ったことがある。気球に乗って初めて知ったが，気球の上では風を感じない。気球の動きも意識しない。
　地上に立っていると肌が風を感じる。地上にいると風に流される気球の動きもよく見える。しかし，気球は風そのものになっている。気球の上では風になるので風を感じない。自分の動きも感じない。
　気球に乗っていて風を感じないように，変化する社会の中にいる人達はその社会変化を感じない。なぜなら，自分達も一緒に変化しているからだ。
　近代文明の転換を予兆させるこの都市改造を進めているソウルの人々が淡々としているのは，彼ら自身が文明の変化の中にいるからだ。それは，気球に乗っている人が風を感じないのと同じなのだ。
　外国人の私は韓国の気球には乗っていなかった。ソウルの地でソウルの人々が乗っている気球を眺めていた。だから，韓国の近代文明の変換点を肌で感じることができたのだ。

はじめに

　本書は，韓国ソウル市の中心を流れる清渓川（チョンゲチョン）を覆って建設されていた平面道路とその上の高架の高速道路を撤去し，清渓川を再生することにより，その周辺のみならずソウルという都市全体を再生する，世界的に注目される都市再生プロジェクトを紹介したものである。このプロジェクトは，単に河川の再生，水辺を覆う道路の撤去というだけでなく，それを行うことにより，環境，歴史や文化の復元を行うとともに，21世紀の東アジアの代表的な都市をつくる，というものである。

　そこでは，空間としての河川の再生，道路交通そのもののマネジメント，そして何よりも都市の空間再生を行うという，実に複合的な政策が展開されている。その政策決定プロセスや，決定から実施に至る時間の短さも，ソウルの選択として注目されてよい。

　21世紀を象徴した高速道路を含む道路の撤去と道路交通量の削減，忘れ去られていた川の再生を核として，都市を再生するという世界に注目される先進事例である。

　本書の第Ⅰ章は，そのプロジェクトについて，政策を立案し，現に実施している当事者からの報告であり，この本の核心をなすものである。

　ソウル特別市のヤン・ユンジェ（梁鈗在）副市長はこのプロジェクトの当事者であり，この歴史的なプロジェクトの実施までの背景等を，「ソウルの川—チョンゲチョン（清渓川）の変遷—」というテーマで生き生きと報告していただいた（第Ⅰ章1.）。イ・ヨンテ（李龍太）担当官には，「清渓川再生プロジェクト」というテーマで，この再生プロジェクトの全体像を詳細に報告していただいた（第Ⅰ章2.）。

　このプロジェクトは，土木や都市整備というプロジェクトの結果のみでなく，政策的，人文社会的な面でも注目されてよい。ソウルの選択，ソウル型モデルと呼んでよいであろう。

　まずはその報告を読み，このプロジェクトの内容や背景，さらには政策決定や実施へのプロセス等をながめていただきたい。

第Ⅱ章は，ソウルのプロジェクトの補足的な説明とともに，わが国での川を生かした都市再生に関連した報告である。

三浦裕二日本大学名誉教授は，キム・カンイル（金光鎰）アジア土木学協会連合協議会長の協力を得て，ヤン・ユンジェ副市長等を招聘し，「水辺からの都市再生」シンポジウムを開催した（2004年7月15日）。その三浦教授には，「取り戻そう水辺の賑わい─ソウルの清渓川と日本橋川からの都市再生─」として，そのシンポジウムの報告を兼ねたものとして寄稿いただいた（第Ⅱ章1.）。そこには，ソウル清渓川プロジェクトの核心的な部分の解説とともに，東京の河川，水辺の変遷と神田川・日本橋川からの都市再生が報告されている。そして，まずはできることから始めようということで，水上からまち並みを眺めることなどが提案されている。

吉川勝秀は，まず日本や世界の河川と都市の風景とともに，ソウル清渓川再生プロジェクトの概要についての報告をしている（第Ⅱ章2.）。この報告は，ソウル清渓川再生プロジェクトの補足的なものとして位置づけられるものである。

次に，世界の都市の道路と水辺との関わりについて述べ，韓国以外のドイツの2つの都市，アメリカのボストン，スイスのチューリッヒ等の事例について報告するとともに，高架の高速道路が上空を占有する日本橋川や渋谷川についての考察を行っている（第Ⅱ章3.）。

そして，水辺からの都市再生の事例について，日本の10事例やアジアの3事例，西欧の3事例について報告している（第Ⅱ章4.）。

第Ⅲ章は，ソウルの清渓川のプロジェクトに関連した報告である。

韓国水資源持続的確保技術開発事業団（韓国建設技術研究院）のキム・ハンテ（金翰泰）首席研究員には，「清渓川復元工事のモニタリングについて」として，もともと乾期には水量がきわめて少ない清渓川の水循環について報告をいただいた（第Ⅲ章1.）。

キム・カンイル（金光鎰）アジア土木学協会連合協議会長は，すでに述べたように三浦教授とともにシンポジウムや報告会を企画されたが，韓日交流協会の副会長も兼ねておられることから，「日本と韓国の交流について」というテーマで，これまでの韓日の交流の歴史に関わるエポック的なことを踏まえ，今後の交流について報告をいただいた（第Ⅲ章2.）。

以上のように，本書は，世界的にも注目される韓国の大都市・ソウルの清渓川再生プロジェクトについて，それを推進する当事者からの報告を中心に，水辺からの都市再生について報告したものである。本書が，今後の川からの都市再生の参考となることを願っている。

　2004年12月

吉　川　勝　秀

目　次

まえがきにかえて―「文明の転換点」 …………………………………1
　　財団法人リバーフロント整備センター理事長　竹村公太郎

はじめに …………………………………………………………………5

第Ⅰ章　川から都市を再生する―韓国ソウル市・清渓川再生の実践―
　1．ソウルの川　清渓川の変遷 ……………………………………12
　　　ソウル特別市副市長　梁　銑在
　2．清渓川再生プロジェクト ………………………………………27
　　　ソウル特別市清渓川復元推進本部・工事3担当官　李　龍太

第Ⅱ章　水辺からの都市再生を考える
　1．取り戻そう水辺の環境と賑わい
　　　―ソウルの清渓川と日本橋川からの都市再生― ……………44
　　　日本大学名誉教授　三浦裕二
　2．世界の先進事例―韓国・清渓川再生への取組み― …………53
　　　財団法人リバーフロント整備センター技術普及部長　吉川勝秀
　3．海外事例に見る水辺の復権―都市の河川と道路― …………63
　　　財団法人リバーフロント整備センター技術普及部長　吉川勝秀
　4．水辺からの都市再生の事例
　　　―日本と世界の先進的あるいは萌芽的事例― ………………80
　　　財団法人リバーフロント整備センター技術普及部長　吉川勝秀

第Ⅲ章　清渓川再生に関連した講演記録から
　1．清渓川復元工事モニタリングについて ……………………112
　　　韓国水資源持続的確保技術開発事業団・首席研究員　金　翰泰
　2．日本と韓国の交流について …………………………………122
　　　アジア土木学協会連合協議会（ACECC）会長　金　光鎰

おわりに ………………………………………………………………137
プロフィール …………………………………………………………139

第Ⅰ章

川から都市を再生する
― 韓国ソウル市・清渓川再生の実践 ―

1．ソウルの川 清渓川の変遷

ソウル特別市副市長　梁　銃在

　本日は，国土交通省をはじめとする多くの専門家の方々にお集まりいただき，清渓川（チョンゲチョン）の事業についてお話する機会を得ましたことは，私，そしてソウル市にとって，非常に光栄なことです。

　ここでは，公式的な話よりも，私が撤去事業を構想した背景，あるいはその事業を進めるにあたって苦労したことなどをお話ししたいと思います。

1──都市の競争の時代

　この20年間，世界ではいろいろな変化がありました。政治，経済，軍事面で変化があったわけですが，特にアメリカとイラクの戦争をはじめとした非常に大きな動きがあって，世界中がテロリズムの脅威にさらされています。中国やソ連も大きく変化し，かつての社会主義・資本主義の二大陣営に分かれたイデオロギー対立，あるいは理念対立はすべてなくなったという状況にあるわけです。圧倒的に強大な力をもったアメリカの影響があり，他方ではそれに対する不満といいますか，反対するテロリズムの脅威に世界中がさらされているわけです。

　皆さんは，清渓川を語るのに，なぜアメリカの絶対的な力やテロリズムの脅威の話から始めるのか不思議に思われているでしょう。1970年代より以前は，世界の国はアメリカかソ連のどちらかについていれば安定的に過ごすことができました。しかし最近では，強い国といろいろな約束をしたからといって，安心してはいられない状況にあります。そういう意味で，われわれは21世紀の無限の競争時代に入っているといえます。どの国，どの都市であれ，もはや互いに助け合うことを期待できない状況にありますし，自助努力をしなければならない時代になっていると思います。

　私は1980年から90年代にかけて，ヨーロッパのいろいろな都市を訪問する機会を得ました。ヨーロッパの大きな都市，地方の小さな都市，首都をいろいろ見てまわりました。いまやヨーロッパは国家間の障壁がなくなっています。宗教，理念，

1．ソウルの川 清渓川の変遷

写真-1　1978年の清渓川(暗渠)とその上空の高速道路

写真-2　高速道路撤去前の清渓川(暗渠)とその周辺

あるいは国家といったあらゆる障壁がなくなってしまったかのように思います。こういった状況のなかで都市が生き続けるためには，自ら努力をし，生存の道を探していかなければなりません。

　私は世界の都市を見てまわりながら，自国のソウルという都市がどう位置づけられるのか考えてきました。ソウルに住む1000万人もの人たちが，はたしてソウルを住みよい都市，住むに値する都市だと考えているのだろうかと自分に問うたわけです。世界の一流といわれる都市には，それぞれ一流になる理由があります。

　例えば，東京に住んでいる優秀な人たちがニューヨークでもっといい給料をあげるといわれたら，多分東京にこれ以上住む理由はないでしょう。しかし，ニューヨークは危険で空気も悪いということになれば，高い給料を得られるとしても，そこに引っ越そうとは思わないでしょう。

　21世紀のキーワードは，どの都市，どの国もどうすれば生き続けられるかアイデアで戦う，アイデアで勝負だと思っています。よいアイデアを出せるような環境を整備，準備できる都市が生き長らえるだろうと，私は信じています。そういうことから，世界のどの都市も自分の都市がより楽しく，より幸せに，そして環境にやさしい生活ができるように，いろいろな努力をしているのだろうと思います。

2——ソウルと清渓川の歴史

　そういった観点からソウルを見ると，あらゆる面で競争力をもちえていないと思います。ソウルは600年という長い歴史をもつ都市のひとつで，図-1の地図は600

第Ⅰ章　川から都市を再生する―韓国ソウル市・清渓川再生の実践―

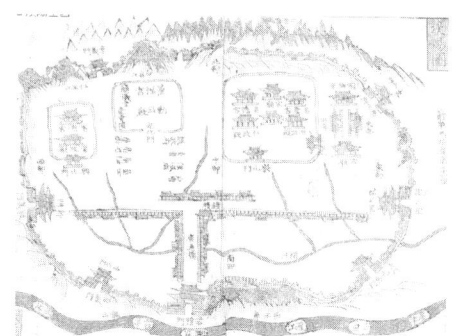

図-1　漢陽(ハニャン)の地図(600年前のソウル)

写真-3　20世紀初頭の清渓川と水標橋(スピョギョ)

写真-4　20世紀初頭の清渓川と五間水橋(オガンスギョ)

年前のソウルの姿です。1392年に李氏朝鮮王朝が建国され，1394年に現在のソウル，当時は漢陽(ハニャン)といいましたが，ここに首都を定めました。この漢陽，いわゆるソウルの地形や地勢を見るとわかるのですが，風水地理説に則っています。四方を山に囲まれ，中に清渓川という川が流れているところに，東西南北に門を配し，首都をおいています。玄武(亀)，白虎，朱雀，青龍という4つの動物がいて，都の東西南北，四方を守るという思想でできているものです。

清渓川は北方にある北岳山(ブガッサン)という山から流れてきて，漢陽のすべての水，そして生活下水も集めて，下流の漢江(ハンガン)に合流，流入する川です。韓国は日本と比較しますと，気候条件として，この河川の流量を維持するのに非常に不利な状況にあります。韓国の年間平均降水量は1 350 mmぐらいあります。この降水量のうち85％ぐらいが，大体6月から7月の2か月間に降ります。その降雨期を過ぎると，すべての都市の川は涸れ川になりますので，上流にダムをつくって水を確保しているのです。

都市の歴史を見ますと，どの都市も水を中心に発達してきました。それは，水がすべての源であるからです。都市が水を中心に発達してきた理由は，何といっても人々が飲料水を確保しなければならないからです。また，農業などの産業や生活面

での洗濯などいろいろな用途に使ったわけですが，特に清渓川の場合，ごみを流すあるいは下水を流すといった処理場としての役割も果たしてきました。1年中，人々はこの清渓川にごみを捨てたので，非常に臭く，汚かったわけです。夏の雨季には雨が降りそれらをすべて押し流しましたが，その時期以外は我慢しながら過ごしてきたのです。そして，上流から流れてきた砂や石がある程度堆積すると，降雨期に排水がうまくできず，周辺地域は浸水被害にあっていました。1400年代の初め頃には，この清渓川をなくしてしまおうという声があがったほどです。当時は，騒動が起きたりする苦難の時代で，いろいろな議論があって，人々は非常に苦しんだということです。朝鮮王朝史

写真-5　20世紀初頭の清渓川(その1)

写真-6　20世紀初頭の清渓川(その2)

で最もすぐれているとされる当時の世宗(セジョン)大王が，河川は自然のものであるから，やはりこのままにしなければならないと考えたことから，清渓川をなくす動きはなくなったということです。

　それから300年以上たった1760年頃に，清渓川の大々的な浚渫が行われました。河川の周辺を石で築堤して護岸をつくり，河道を浚渫して洪水を防止するという事業です。ソウルの人口が20万人の時代に，河川の浚渫事業に2万5000人が従事したといわれています。現在，ソウル市が清渓川復元事業を行っていて，河川を再度浚渫し整備するのは，1760年の大々的な浚渫から250年ぶりとなります。

3——清渓川の覆蓋工事

　1937年，朝鮮半島を占領していた日本は満州進出という軍事目的のために，清

渓川の覆蓋を始めました。その当時でも，清渓川の周辺は，朝鮮半島の農村からソウルに集まってきた貧しい人たちがバラックを建てて不法に住みついていたところでした。東京からきた日本の技術者たちが今の清渓川を覆蓋する1937年は，当時の計画書を見ると，清渓川を全部覆蓋するということになっていました。ところが，500 m ぐらい覆蓋した後に第2次世界大戦が起きて，そちらの戦費調達のために，この覆蓋事業は中止されてしまいました。1945年に韓国が独立し，1950年に朝鮮戦争があり，その後，軍事クーデターが起きるなか，清渓川はそのままの状態できたわけです。1961年の軍事クーデターで政権を握った朴　正熙（パク・チョンヒ）は，祖国近代化のスローガンのもと，都市を大々的に改造し始めました。1964年に清渓川の覆蓋事業が始まり，1978年にその撤去事業は完了しました。当時の清渓川の覆蓋事業は，大事業であったわけです。都市の発展過程においても大土木事業で，そうした過程は韓国だけでなくて，当時のヨーロッパにもあったと聞いてお

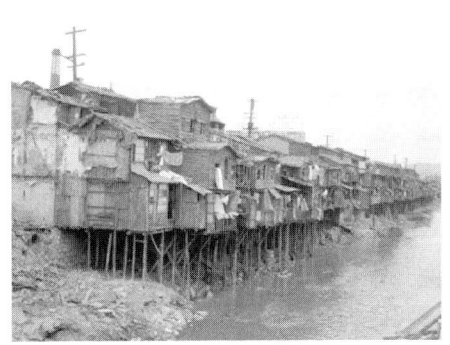

写真-7　1960年初頭の清渓川の様子

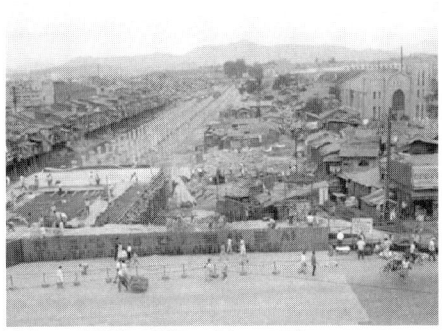

写真-8　清渓川の覆蓋工事（1965年）

■都心の長期的な沈滞

・都心の交通混雑，通過交通の過多
・大気汚染，騒音公害の深刻さ
・多様な業種の混在による都市産業の招待性の不在
・歴史的遺跡の消失

■江北地域の衰退

10年間人口5万人，雇用人口8万人減少
事業体本社は江南の63％水準
再開発の長期化による都心の老朽化
ぜい弱な都心産業構造及び競争力の低下

図-2　清渓川復元の必要性（その1）

■人間中心の生態的な環境都市への転換

・都市生態系を復元し，環境都市ソウルへと転換
・開発 → 環境，自動車 → 人，効率 → 衡平

■600年ソウルの歴史性の回復と文化空間の創出

・清渓川周辺地域の文化資源の回復と造成
・市民が共に楽しめる文化都市ソウルのイメージ提供

■都心落後地域の活性化による地域の均衡発展

・高付加価値的な産業構造へ再編可能な条件の整備
　— 国際金融，ビジネス及び先端情報施設の誘導による国際競争力の向上
・自然と人間中心の都市環境造成，文化遺跡の保存及び復元が必要
　— これは世界の諸先進国が追求する21世紀都市管理基本価値

↓

清渓川復元は選択の対象ではなく必須事業

図-3　清渓川復元の必要性（その2）

■根本的な安全対策

・1次安全診断結果 (1991.1～1992.10)
— 南山1号トンネル入口～清渓4街区間2,030m全面補修・補強工事 (1994.8～1999.12)
— 乗用車以外の車両の無期限通行禁止 (1997.5)

・2次安全診断結果 (2000.8～2001.5)
— 清渓4街～馬場同区間3.8km全面的な補修工事が必要
— 高架路全面補修工事の実施設計樹立
— 期間2年10ヶ月間に予算1,000億ウォンをかけて全面統制化で補修工事の実施予定
— 覆蓋構造物は毎年20億ウォンを投入し, 補修作業中

図-4 清渓川復元の必要性(その3)

写真-9 覆蓋施設構造物の老朽状況

ります。

覆蓋事業の目的または理由は，第1に非常に醜い河川を覆って見えなくし町をきれいにしようということ，第2は土地を買わなくても河川を覆うことで非常に広い大きな道路をつくることができるというものです。第3は周辺にあるスラムをなくすための大義名分にもなりました。ロンドンでスラム街に汽車の線路を通してスラムを撤去したのと同じです。

■文化的側面

・600年古都の歴史性回復と多様な文化の中心都市への転換
— ソウルの固有の都市の歴史景観の創出による多様な文化体験が可能
— 自動車, 機械中心の価値観から人間的価値と新環境的歩行中心の空間創出
— 人間と自然の共存, 文化的多様性が共存できる都市空間を創造
— 清渓川覆蓋後, 若い世代に文化的な遺産として都心水辺空間の復元が必要

■生態環境的な側面

・人間と生態系の共存のための清渓川覆蓋
— 過去の都市開発の人間中心的, 物質主義的な価値観の転換が必要
— 市民の生存権のための実践的な対案の必要性が増大
— 都市開発と環境保存の相互補完的な関係の確立が必要
— 都心の中, 自然及び都市生態系の復元による親環境的な都市開発が可能

図-5 清渓川復元による効果(その1)

4——清渓川復元による効果

先述のような3つの目的または理由から覆蓋し，覆ってしまった清渓川を，21世紀に蓋をはずし蘇生させることで，私は5つの効果が出てくると考えています。

まず第1に，清渓川の復元事業は，忘れ去られた600年という歴史を再び取り戻す事業です。清渓川は600年というソウルの歴史とともに流れてきた川ですが，1960年代以降に生まれた人たちは，清渓川がどのように流れていたのかまったく知りません。清渓川という川の名前が残っているだけです。

第2は，ソウルが環境にやさしく生態系を重視した都市に生まれ変わるきっかけになる事業だということです。漢江の南の地域を江南(カンナム)といいますが，

第Ⅰ章　川から都市を再生する―韓国ソウル市・清渓川再生の実践―

写真-10　ソウルの衛星写真

■都市計画的な側面
・ソウル市'Grand Design'としての清渓川覆蓋
　―清渓川覆蓋はソウルの都市性確立及びイメージ改善に必要充分な潜在力を保有
　―老朽化した都心開発による空間構造改編及び新しい歩行中心の都市・交通システムの形成
　―未来の都市変化に対する柔軟な適応と新しい都市需要の満足の可能
　―多様な市民階層の暮らしに対する要求に応える都市余暇空間の創出

■経済的な側面
・多様な都市便益を創出する清渓川覆蓋
　―ソウルの歴史伝統の回復を通じて都市イメージ及び自朴心の提高
　―環境親和的都市開発の実践による継続可能な都市環境の創出
　―清渓高架路の撤去による都市景観の向上及び都心交通集中の抑止/分散
　―清渓川周辺の老朽化した都心再開発の促進による都市開発の効果及び便益の創出

図-6　清渓川復元による効果（その2）

1970年代以降，ソウルはその場所を中心に発達してきました。写真-10の衛星写真を見ていただくとわかるように，ソウルは，真ん中を漢江（ハンガン）という大河が東から西に流れていて，この川により市街地が北側と南側に分かれています。北側がいわゆる旧市街です。景福宮（キョンボックン）という昔の王宮，宗廟という王様たちの墓所，もう一人の王様がいた昌慶宮（チャンギョングン）や昌徳宮（チャンドククン）という宮もあります。西から東に流れているのが清渓川。昔の旧市街地も

図-7　清渓川復元後の都心部土地利用構想図

18

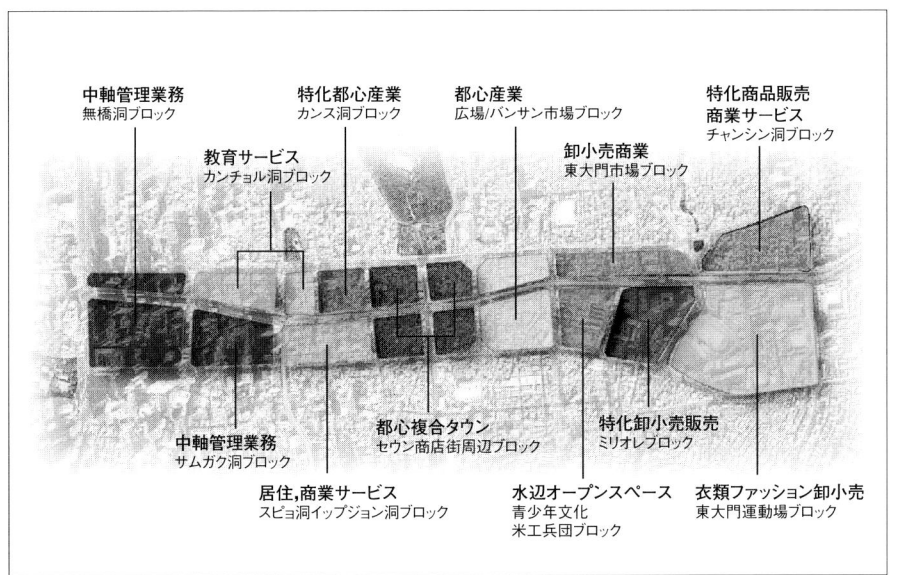

図-8　清渓川復元後の清渓川周辺土地利用構想図

あります。漢江の南側が江南（カンナム）地域です。今，漢江の南に500万人，旧市街を中心とする北に500万人が住んでいます。1970年代には江南地域をどんどん開発し，江北（カンブク），北の地域は一切開発しなかったため，立ち遅れた地域になりました。そこで，旧市街地，江北地域を活性化させるために何らかの起爆剤が必要となり，清渓川の復元事業を行うことで江北地域を経済的に活性化し，また環境的にもよくする契機にしようと考えたわけです。

　第3は，清渓川が復元できれば，周辺地域のイメージは一新すると思います。ソウルはOECDに加盟している国々のなかで最も環境の劣悪な都市です。ソウルという都市のイメージはよくなく，特に環境面ではそうです。そこで清渓川を復元して，ソウルのイメージをいいほうに転換していく必要があります。

　第4に，今，東京大学と韓国の気象庁が共同で，清渓川が復元すると周辺地域の気象がどのように変わるかという研究をしており，清渓川が復元すると，清渓川の周辺地域の気温は1度から2度下がると試算されています。

　第5に，清渓川の復元事業が終われば，ソウルは強い競争力をもつまちになるだろうといわれます。風水地理説を研究している人たちは，清渓川が復元できれば非

常によい風が吹くというのです。過去50年間，韓国は清渓川を覆ってしまったために，よいことが非常に少なく，大統領が変わるたびに問題も起きました。清渓川が復元できれば，そういうこともなくなり，人々の心も非常に明るくなるだろうといわれており，私もそれを期待しています。

5——復元事業実施上の課題

このようにさまざまな効果を期待して清渓川事業を推進しているわけですが，この間にもいろいろな問題が起きました。なかでも95％の人が心配しているのが交通問題です。撤去したら交通がどうなるかよくわからないため不安になっているのです。清渓川高架道路は1日に17万台の車が通行し，うち70％が通過交通です。この通過交通は，周辺地域に騒音，振動，排ガスといった悪いものしかもたらしません。

清渓川の上流部はすでに開発がされていますが，清渓川の周辺地域は50年間まったく変化がありません。

図-9　清渓川復元後の四大門エリアの文化観光ベルト構想図

1．ソウルの川 清渓川の変遷

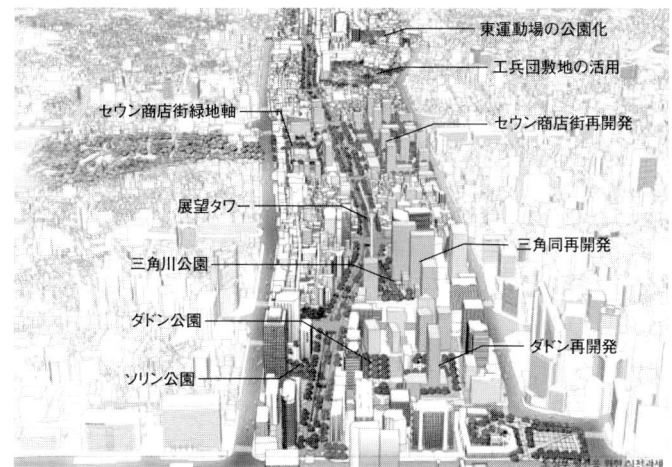

写真-11　清渓川復元後の清渓川周辺計画（鳥瞰図）

写真-12　清渓川復元後のセウン商店街周辺再開発事業（鳥瞰図）

写真-13　清渓川復元後のセウン商店街周辺再開発事業（完成イメージその1）

写真-14　清渓川復元後のセウン商店街周辺再開発事業（完成イメージその2）

21

2番目の問題点は清渓川周辺地域の商人の対策です。6万8000の商店があり，家族も含め22万人の商人たちが周辺地域に住んでいます。清渓川の復元工事が行われば，自分たちの生計に支障が生じるのではないかと不安になっているのです。

まず，交通問題の解決策としては，ソウル市の交通体系を清渓川復元を契機にして，大衆交通体系に転換をするという方針を立てました。すべての市民に自家用車に乗るのをやめるようお願いしました。自主的に自家用車を使うことをやめてくれれば，皆さんに天国，パラダイスをあげると約束しました。今のソウルは非常に深刻な交通難に苦しんでいます。

というのは，この7月1日から大衆交通体系の全面的改編を実施したからです。この30年間主要な交通機関であったバスの交通網を全面的に改編しました。民間のバス会社が今まで自分たちが最も儲かるように運営していた路線を，市がすべて改編しました。ソウル市が資金を出して，いわゆる準公営企業形態に変えて路線を変えたのです。具体的には，ソウル郊外から来るバスは，ソウル市内の中心部には入れず，バスターミナルや地下鉄駅までしか来れないようにして，地下鉄や市内バスに乗り換えてもらうようにしました。その代わり，乗換え割引きも導入しました。そして，バス専用レーンを設けたり，バス乗り場を整備したりしていますが，批判も多く出ています。しかし，1か月も過ぎれば大丈夫だろうと思っています。最近ではソウル市民も，この高架道路がなくなっても実際の交通にそれほど大きな支障は生じないことに気づき始めています。昨年7月1日，多くの反対や非難のなか，清渓川高架道路の撤去工事を始め，2か月間で6kmに及ぶ高架道路をすべて撤去しました。それによって，日の光が入り，旧市街にある南山(ナムサン)が見えることに市民は驚きました。南山は，左側，南にある280mぐらいの美しい山で，それが見えようになったのです。高架道路で隠されていた南山の美しい姿がまた現れました。

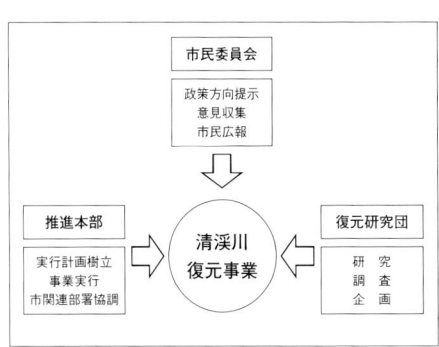

図-10　清渓川復元事業の推進体制

6──都市開発の新しいパラダイム

　これまでは，いかに速く生産し，付加価値を高めていくかが重要でしたが，今はそういうことから脱すべき時代に来ています。産業革命以来ずっと世界を支配していたモダニズム，近代主義という概念からもはや脱すべきだ，という考え方が強くなっています。機能性あるいは効率性を重視したモダニズム，近代主義は，当時は非常に革新的な考え方でした。モダニズム，近代主義の時代に重要視されていたのは大量生産あるいは軍事大国になることで，モダニズムでは価値の高いことでした。

　しかし，ポストモダニズムという時代になり，状況は大きく変わりました。今は，IT産業が世界中で大きな力をもっています。コンピューターなどを中心とした，いわゆるハイテク産業が全世界で力をもっています。日本がこのように経済的に強

図-11　脱近代主義の展開

図-12　水辺空間の変質と都市河川に対する認識の変化

図-13　都市開発戦略の変化

図-14　経済開発優先に伴った過去の都市開発

23

大な国になったのは，今のような先端産業に非常に多くの投資をしてきたからだと私は考えます。

　私は過去20年間，何回となくソウル・東京間を往復しました。日本に来るたびに私は非常に多くのことを学びましたが，時には腹の立つこともありました。なぜわれわれは日本のようにうまくいかないのか，どのようにして日本はこのように強力にできるのか，どうやっても日本に追いつくことはできないのかとさえ考えました。しかし，韓国もある面では日本より進んでいるのではないかと考え始めています。税金は，韓国が付加価値税，日本は消費税ですが，付加価値税の導入は韓国のほうが早い。また，医療保険もそうです。これらは日本より進んで行ったと思っています。韓国は考えなしにすぐ実施してしまうという無鉄砲なところがあります。日本は，そういう韓国をじっと見守っています。日本は，韓国に具体的にどういう問題があるのかと，非常に細かく正確に見ているのです。今あげた2つの制度は，とてつもなく大きな問題を抱えています。

　私は清渓川復元事業を行うにあたり，日本を非常に用心深く見ました。私たちが行おうとしていることは大丈夫なのか心配しているという話も聞きました。しかし，清渓川復元事業は付加価値税や医療保険などとは違います。清渓川復元事業は，その復元事業を通して，人々の考えや心を変える事業です。清渓川復元事業は都市に再び水を流す事業だと，私は考えています。水はすべてのものを清める役割，力があります。そして，水は常に水平を保とうとします。復元事業は都市のなかに自然を創出する事業であると考えています。

　しかし，この清渓川復元事業は自然を創出する以上の意味をもつ事業であると思っています。今の韓国は南と北に分かれていますし，選挙のたびに韓国内の東西対立も起きます。労使紛争も非常に深刻なものがあり，持てる者と持たざる者の軋轢も非常に深刻です。社会のあちこちで不満が高まるなか，清渓川が復元され，きれいな水が流れることによって，こういった人々の葛藤のようなものが全部きれいに洗い流されるということを，私は望んでいます。

　清渓川復元事業は和合，ハーモニーと調和の事業です。復元された清渓川では，男も女も年寄りも若い人もみな，水を楽しむことができるようになると考えています。清渓川周辺の立ち遅れた地域は，今後20年，30年，50年後，非常にすばらしく発展をする地域になると私は信じています。

1. ソウルの川 清渓川の変遷

　写真-15は，ソウルの江北地域の都心部を東から西に見たものですが，清渓川は縦に走っている大きな道路のうち右から2番目です。上の方に高層ビル群が見えますが，1960年代の多くの再開発により，大きい建物が南北に幾つも建てられました。

　今回の清渓川復元事業に合わせて，川沿いに再開発ビルを建てながら，90mの幅でまわりを緑地化する計画が立てられました。右図に示したように，江北地域から南山を通ってさらに漢江に至る大きな緑地帯を作ろうという計画です。

　再開発の1区画は1万坪です。今，清渓川の周辺地域，1ブロック当り1万坪ですが，全世界の建築家を募集して再開発ビルの構想，デザインを募集しています。日本の六本木ヒルズを設計した方も，清渓川周辺地域の懸賞設計に応募されているそうです。この懸賞設計にかかっているところは，六本木ヒルズと大体同規模だそうです。今後，同じような規模の再開発プロジェクトが20個以上出てくると見込んでいます。清渓川の復元事業が日本橋川あるいは渋谷川の現状事業に参考に資することができれば，非常にありがたいと思っております。

　日本では，首都高速道路の問題が日本橋川の復元事業にとって大きな問題になっていると聞いています。私はボストンのいわゆるビッグディッグ（The Big Dig：

写真-15　ソウル江北地域の航空写真

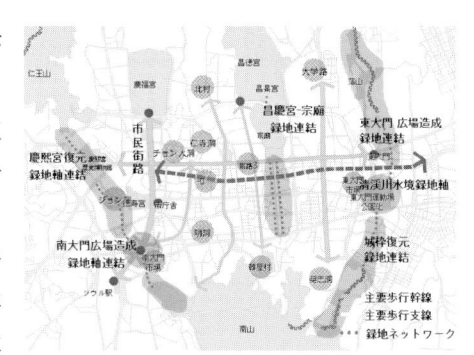

図-15　清渓川復元後の歩行及び緑地ネットワーク構想図

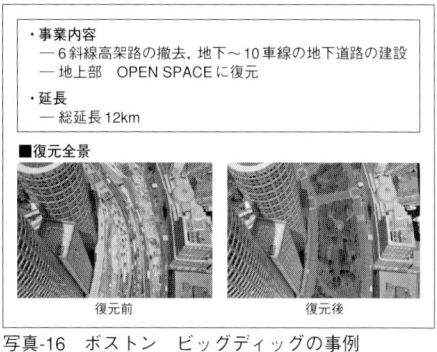

・事業内容
　― 6斜線高架路の撤去，地下～10車線の地下道路の建設
　― 地上部　OPEN SPACEに復元
・延長
　― 総延長12km

■復元全景

復元前　　　復元後

写真-16　ボストン　ビッグディッグの事例

Central Artery/Tunnel Project）という高架高速道路の地下化事業を見にいったことがあります。ボストンのように清渓川の地下にも高速道路をつくれ，という圧力も非常に強くありました。しかし，私は今以上に乗用車がどんどん都市の中に入ってくることは防ぎたいと思いました。ロンドン，パリ，ローマも地下化しています。自動車に乗っている人は不便をかこっても仕方ないと思います。

　ソウルでは，月，水，金または火，木，土に車を使い，毎日は乗らない隔日乗車制を今行っています。政府が施行しており，非常に高い効果が出ていると思います。ミラノでも行われています。都市にこれ以上乗用車が入ることは，都市や都市に住む人々にとって望ましくありません。

　日本の方々は，高速道路をなくせば自動車産業に非常に大きな影響が出ると心配されるでしょうが，東京もソウルと同じように高架道路をなくすことが将来の発展に資すると信じています。ソウルが東京に勝とうと思うなら，東京は高架道路を残してほしいといいたいぐらいです。しかし，私はソウルと東京は手を携えて一緒に発展していかなければならないと考えています。

　最後に，日本橋川が新しく生まれ変わることを期待して話を終えます。

2．清渓川再生プロジェクト

ソウル特別市清渓川復元推進本部・工事3担当官　李　龍太

　清渓川(チョンゲチョン)復元工事は3つの区間に分けて進めています。本工事は第1，第2担当官は区間ごとに担当していますが，私が専門とする造園工事は3つの区間全部を担当しています。

　ここでは，図を中心に説明を進めます。まず事業目的と事業範囲，そして市民参加について説明します。なお，この復元事業の主な論点は先ほど副市長が解説されたので，ここではそれらを省略し，復元プロジェクトの詳細計画を述べます。

1──目的と事業範囲

　事業目的は，ご存知のように，都市環境の改善と都心部の再活性化です。

　事業範囲をいうと，図-2で清渓川が流れている部分のうち覆蓋されているのは始点部から約5.8 kmのところです。下流部は覆蓋されていません。

　清渓川は，河川法上の二級河川で，沿川の自治区庁(基礎自治体)が管理しています。そして，清渓川が合流するのが北の方から流れている中浪川(チュンニャンチョン)です。中浪川は，ソウル特別市(広域自治体)が管理する地方一級河川で，下流で漢江(ハンガン)と合流します。清渓川の始点から漢江まで約10 kmです。

　ソウル市の人口は約1 000万人で，面積は600 km^2。ちなみに，東京23区の人口

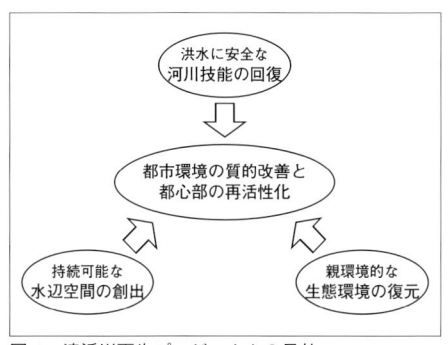

図-1　清渓川再生プロジェクトの目的

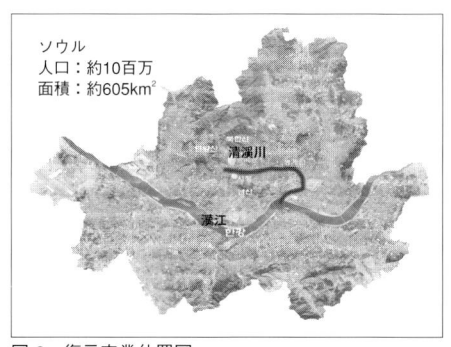

図-2　復元事業位置図

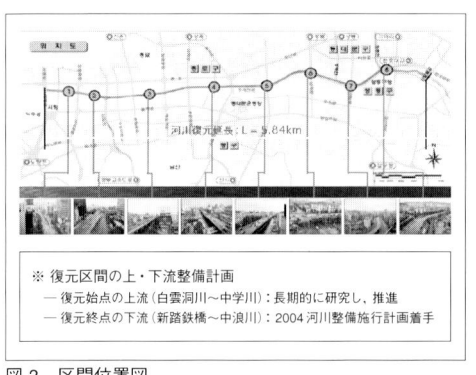

第Ⅰ章　川から都市を再生する―韓国ソウル市・清渓川再生の実践―

※　復元区間の上・下流整備計画
― 復元始点の上流（白雲洞川〜中学川）：長期的に研究し，推進
― 復元終点の下流（新路鉄橋〜中浪川）：2004 河川整備施行計画着手

図-3　区間位置図

が現在約800万人，621 km²ですから，東京23区とソウル市25区は，面積と人口からみると同規模といえましょう。

　この復元事業の区間的範囲は，始点部から最後の覆蓋されているところまでの5.84 kmです。そして，この始点部の上ももちろん覆蓋されています。その上流部の取扱いについては，今後，長期的観点から検討する予定です。また，この復元事業の対象区間の下流部は覆蓋がされていませんが，整備状態がよくないので，この区間についても今年7月から工事が入札公告されています。もちろんこの事業も来年復元事業とともに完成される予定で，現在事業が進んでいます。

2――市民参加

　清渓川の復元について最初に関心をもたれたのは梁先生で，9年ほど前のことです。もちろん，市民の意見をこの事業にどう反映するかが重要で，事業内容については，ソウル市の市政開発研究院で基本計画を立て，それをもとにこの復元事業を進めています。

　一方，市民側のさまざまな意見を受け止めるのが市民委員会です。市民委員会は，一般市民と関連分野の専門家たちや，市民団体の活動家で構成される組織です。市民委員会と市議会を通じて，市民側からのいろいろな意見をこの事業に反映していく形をとっています。市民委員会は，2002年9月にソウル市の条例に基づき設立されました。歴史文化，自然環境，建設安全，交通，都市計画，市民意見の6つの分科委員会で構成されています。当初，116人の専門家，市民，NGO活動家が参加しましたが，現在は約130人の委員がいます。主な役割は，復元に関する政策の審議と評価，そしてそれに関する調査研究です。

　そのなかで最も重要なのは，市民側からのいろいろな声をこの事業に反映することで，そのためにはこの復元事業についての広報活動がなにより重要です。

2．清渓川再生プロジェクト

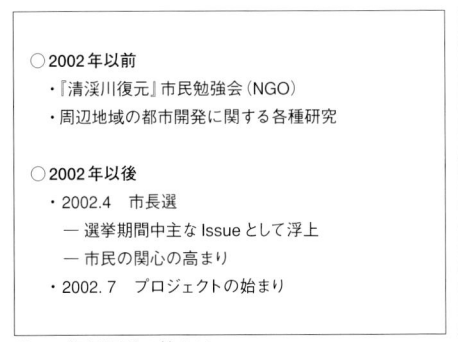

図-4　復元運動の始まり

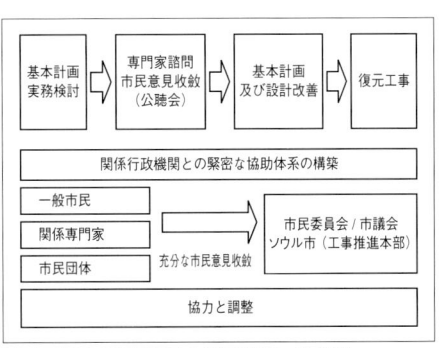

図-5　市民の意見集約と復元事業への参加

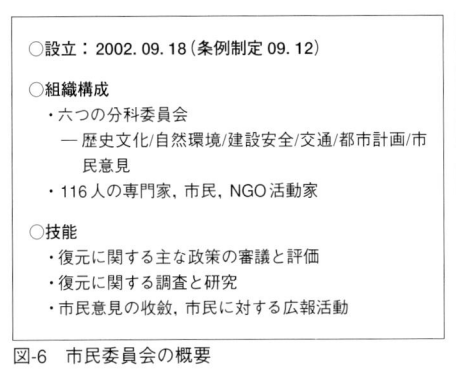

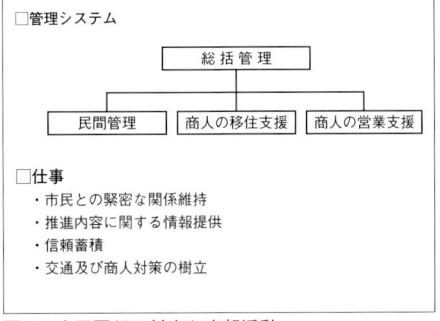

図-6　市民委員会の概要

図-7　市民要望の対応と広報活動

　復元事業については，現場での工事ももちろん重要ですが，私は住民側から出るいろいろな反対意見に対して，どのように説得し事業を進めるかという管理面を重視しています。この組織の職員が一番重要な役割を果たしているのではないかと思います。この組織は推進本部の中にあり，15人ほどで構成されています。この組織が行う仕事は，写真-1の上にあるように，現場で相談室を設置して，市民のさまざまな意見を受け付けることです。

　同じ写真-1の左下は，高架道路の下で開催された復元事業への抗議集会の様子です。清渓川周辺の住民に復元事業の必要性などを説明しています。

　この事業に反対する理由のひとつに，事業実態をよく知らないということがありますので，写真-3のように，直接市民が体験するツアープログラムを設けました。これは2002年の8月から2003年7月1日撤去工事が始まる前まで1日2回運営され，約6 600人が参加しました。

29

写真-1　事業の相談室と復元事業反対の抗議集会の様子

　写真-4は復元事業の広報センターの建物で，なかには清渓川の過去，現在，未来に関するいろいろな資料が展示されています。これは2002年12月に完成し，ボランティアの手で運営されています。2003年は12万人，2004年6月末現在で約7600人が訪れています。外国からも見学者が訪れ，2003年から今年まで約22回，約550人が訪れました。

写真-2　市民説明会の様子　　　　写真-3　現場体験ツアープログラムの実施

2．清渓川再生プロジェクト

写真-4　広報センター全景

図-8　交通対策

□清渓高架を利用する乗用車対策
　○連結道路新設(馬場路〜乙支路間，DuMuGe路)
　○可変車路制の拡大(往十里路)
　○一方通行制実施(大学路，昌慶宮)
　○都心部進入交通の案内及び迂回分散の誘導等
□乗用車の大衆交通転換向上
　○地下鉄の輸送能力向上
　○中央バス専用車路制の延長設置(千戸大路，河亭路)
　○街路辺のバス専用車路上の不法駐・停車団束
　○都心循環バス運行

図-9　交通対策

□都心交通の需要管理
　○不法駐・停車の企画団束
　○都心駐車料の値上げ調整
　○大衆交通利用の広報強化(乗用車の自律曜日制)
□清渓川の商街訪問顧客のための対策
　○清渓川路を利用する貨物車及び操業駐車対策
　　― 工事中には清渓川路の往復4車路の確保
　○貨物操業駐車空間の確保
　○東大門運動場の駐車場確保等
□清渓川の利用市民のための対策
　○既存バス路線の改編
　○無料シャトルバスの運行等

図-10　周辺商店対策

□清渓川周辺の商店街現況
　○店舗数：62,783個所
　○従事者：213,462名
　　1店当り3.4人(2001年事業体基礎調査)
　○製造業体：約2,000個所
　　1登録工場246個所，無登録工場1,754個所
　○商店街団体，協議団体：66団体(商店街別商友会等)

図-11　周辺商店対策

□意見収斂の推進実績
　○公聴会の開催：1回(2003. 2.20)
　○市民委員会(市民意見分課委員会)の審議：10回
　○事業説明会の開催：13回
　○現場民願相談室の運営：876名(東大門，長橋洞)
　○清渓川地域の住民・商人協議会の構成・運営：70名，8回(全体会議2，区別会議6)
　○現場の訪問：延べ2,834回(2003. 3.31現在)
□意見収斂の結果
　○清渓川周辺の商人達は清渓川復元事業の妥当性については認定してるが
　　― 工事中の交通不便と復元後の車路減少による商圏萎縮を心配
　　― 最近の景気沈滞と復元後の環境変化についての漠然たる不安感
　※清渓川商圏守護対策委員会と清渓川復元反対衣類商街対策委員会等
　　― 一部の業種から復元反対の動き
　○清渓川商人達は清渓川復元事業による商人対策として
　　― 営業損失の補償
　　― 交通不便解消，操業空間及び駐車場の確保等を要求

　復元事業の最も大きい問題点は，梁先生が話されたように，交通問題と，清渓川流域の商人たちの反対でした。それについては，副市長がすでに述べられたので，ここでは割愛し，この復元プロジェクトの計画について説明します。

　交通対策と商店対策の内容については，右に掲げた資料を参照してください。

31

3——復元計画の詳細

推進経過を説明しましょう。2002年は復元事業の準備段階で、この事業を直接担当している推進本部、それを理論的に支援する研究支援団、そして3つの柱のひとつである市民委員会が7月から9月にかけて設置されました。

そして、市政開発研究院内の研究支援団では、復元基本計画についての学術部分と技術部分に着手しました。2003年度は基本計画が樹立し、工事に着手した年です。

(1) 入札契約と工事の全体像

2003年2月にはこの基本計画について入札が公告され、工事が本格的に始まりま

```
□対策の基本方向
 ○周辺の商人達に対する意見収斂をもとに対策樹立
 ○商人達の意思により現地営業希望業種と移住希望業種に
  区分
   ― 現地営業業種:営業不便の最小化対策,商圏活性化対
     策
   ― 移住希望業種:移住支援対策
 ○個別商店の要求及び建議事項はできるかぎり受容
□細部推進計画
 ①営業不便の最小化対策
   ― 工事区間を清渓川道路幅以内に限定
   ― 清渓路両側に2車路及び操業空間の確保
   ― 遮断幕の設置,低騒音・低振動の新工法使用
   ― 東大門運動場に駐車場の設置
   ― 工事期間中無料シャトルバスの運行
```

図-12　周辺商店対策(その1)

```
②清渓川周辺の商圏活性化対策
   ― 建物リモデリング等在来市場の環境改善事業費の無償
     支援
   ― 市場の現代化のための再開発事業費の融資支援
   ― 小企業及び小商工人のため経営安定資金の融資支援
   ― 訓練院・宗廟・東大門運動場の駐車場料金の割引
   ― 都心再開発の希望地域については行政的・財政的支援
③移住希望業種への対策
   ― 市場の自律技能による移住商店街団地の造成支援
   ― 商人達が希望する地域を対象に敷地の選定,行政的・
     財政的支援
```

図-13　周辺商店対策(その2)

```
□今後の対策
 ○持続的に周辺商人達の意見収斂
 ○住民説明会と商店街別・商圏別商人説明会の開催
 ○意見収斂された事項に対しては積極的に検討
   ― できるかぎり政策に反映
   ― 直ちに受容が困難な事項は長期課題として検討
 ○周辺再開発と移住対策等は商人達の意見を最大限
  反映し,行政的財政的支援
```

図-14　周辺商店対策(その3)

```
□2002年度 ― 復元事業の準備段階
 ・2002. 7. 1:清渓川復元推進本部の設置
 ・2002. 7. 2:市政開発研究院内に研究支援団の設置
 ・2002. 7.12:清渓川復元基本計画の学術部門の用役着手
         (都市交通,大気環境等11個部門)
 ・2002. 9.18:各界の専門家及び学界,市民団体等総116
         名の清渓川復元市民委員会の発足
 ・2002. 9.25:清渓川復元基本計画の技術部門(構造物撤
         去,河川復元,下水道分野等7個部門)の用
         役着手
 ・2002.10.25:市民委員会のセミナー開催(清渓川復元国
         際シンポジウム)
```

図-15　推進経過

した。工事の入札は設計施工の一括入札方式，いわゆるターンキー方式です。そして6月には，事業に着手する企業体が決まりました。1工区は大林産業，2工区はLG，3工区は現代建設です。2003年7月1日から2か月ほどで高架道路と覆蓋構造物が撤去され，高架道路は8月末までに撤去を完了しました。現在，覆蓋構造物は99％以上が撤去され，2004年からは工事が本格的に進行しています。

　この復元プロジェクトの設計における前提条件として，一番重要なのは治水機能の確保です。下水機能を改善し維持用水をどう供給するか，今後の周辺開発を考慮した都心水辺空間をどう造成するか，両岸の道路は2車線以上確保することが前提条件として提示されました。

　基本設計については国内外の専門家たちが参加して24回の諮問が行われ，橋と照明については外国の方からの諮問も受け取りました。市民委員会からも9回の諮問を受けました。主な検討内容は，3つの区間の間に連携性や統一性が確保されているか，洪水のとき安全な河川の断面が確保されているか，そして十分な維持用水の確保が可能かということです。

```
□2003年度 — 基本計画の樹立及び工事着工
 ・2003. 2.11  清渓川復元基本計画（案）の市議会報告及
                び言論発表
 ・2003. 2.20  清渓川復元事業の市民公聴会開催
 ・2003. 2.28  入札公告（3つの工区分割，設計施工の一括
                入札方式）
 ・2003. 5. 1  市民委員会の基本計画審議完了
 ・2003. 5.27  全面責任監理の用役業体選定
 ・2003. 6.10  事前環境検討の審議完了
 ・2003. 6.18  施工業体との契約（1工区-大林産業，2工
                区-LG，3工区-現代）
 ・2003. 7. 1  高架道路及び覆蓋構造物の撤去工事着工
 ・2003. 8.30  清渓高架道路の撤去完了
 ・2003.10.17  環境影響評価完了
 ・2003.12.30  河川復元実施設計の完了
```

図-16　推進経過

```
□前提条件
 ・治水機能の確保及び下水機能の改善
 ・維持用水供給を通じた常時親水機能の確保
 ・今後の周辺開発を考慮した都心水辺空間の造成
 ・両岸道路は2車線以上確保
 ・商街密集地域は操業駐車場の確保
 ・清渓川の南北連結は現在水準維持
□設計推進
 ・3個工区の合同設計事務室運営(基本設計補完と実施設計)
 ・設計関係の工程会議運営：総20回
 ・橋梁及び造景分野へMAシステム導入し，設計の連続性と
  統一性の確保
```

図-17　計画の前提条件およびその仮定

```
□基本設計の諮問
 ・国内外の専門家：総23回（外国人5回—橋梁，照明分野）
   — 河川3/維持用水4/橋梁6/造景7/道路，照明，環境
     は各1回
 ・市民委員会：総9回

※主な検討内容
 ・工区間連繋性と統一性の確保
 ・洪水時の安全な河川断面及び施設物の設置
 ・親環境的な生態空間の確保
 ・充分な維持用水の確保
```

図-18　計画の前提条件およびその仮定

（2） 構造物の撤去計画

　写真-5に示したように，撤去前に両側に2車線以上の車線を確保します。そして，次の第2段階では上の高架道路を撤去し，第3段階では覆蓋構造物や橋の橋脚の撤去を行います。

写真-5　構造物撤去計画

（3） 河川計画

　清渓川の治水計画としては，200年頻度の降雨，1時間当り118 mmの降雨に耐えるように河川断面の確保をしました。例えば，始点部の場合，降水量が113 mmのときです。道路の高さは26 m，そのときの洪水の高さは24 mで，2 mぐらいの

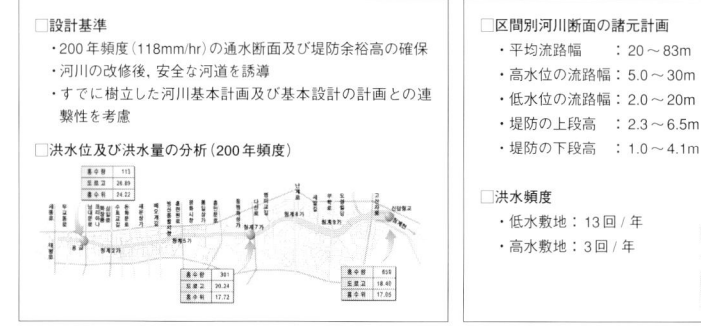

図-19　河川計画

図-20　河川計画

2．清渓川再生プロジェクト

余裕があります。

　そして，区間別の河川断面については，平均流路の幅は20 mから83 mまで計画されています。堤防の上段の高さは2.3から6.5 mです。低水敷地は年13回の浸水を，高水敷地は年3回ぐらいの浸水を想定して計画しています。

　図-21は河川断面のパターンですが，低水路の部分は始点部の1工区の場合，自然石を敷き詰めて，そのなかに植物を植えることとしています。

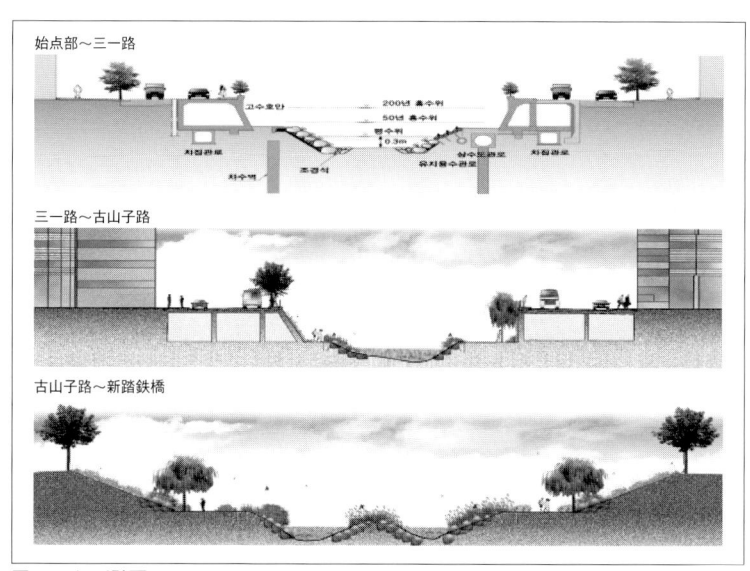

図-21　河川計画

（4）下水道の計画

　ソウル市の場合，下水道のシステムは分流式が13％，ほとんどは合流式です。合流式だと，降雨のない平常時には，下水が家庭から流され，遮集管渠に流れ込みますが，雨が降るとき，1時間当り2 mmぐらいまではこの管渠にC.S.O boxで流れます。そして，時間当

□設計基準
・降雨及び下水のための合流式処理システム
・用量：計画下水量の3倍

□C.S.O.(Combined Sewer Overflows)対策
・CSO＝吐口別CSO考慮した遮集量
　（Q＝2mm/hr）－計画量（3Q）
・C.S.O量：315,565m³/day
　（左岸：220,550m³/day，右岸：95,015m³/day）

図-22　下水道の改良計画

り2mm以上の降雨の場合には，全部河川本流に流入して河川水と合流します。

（5） 河川の維持用水計画

□維持用水供給計画
・地下鉄駅から発生する地下水：2.2万ton/day
・漢江からの取水（または中浪下水処理場の処理水）：9.8万ton/day
※復元上流地域の河川（長期計画）：白雲洞川，中学川

□水質基準
・PH ：6.5～8.5
・BOD ：5mg/L or less
・SS ：10mg/L or less
・DO ：5mg/L or more
・Total N ：10mg/L or less
・Total P ：1mg/L or less
・大腸菌群数 ：1,000MPN/100mg or less

図-23 維持用水計画

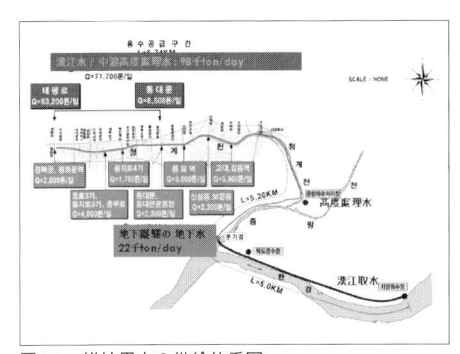

図-24 維持用水の供給体系図

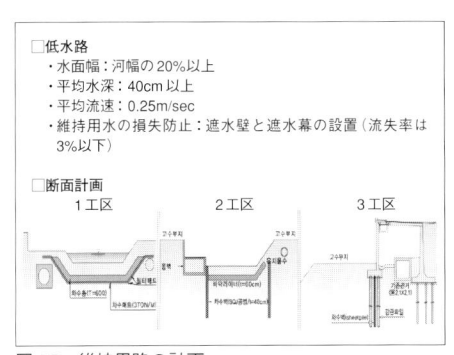

□低水路
・水面幅：河幅の20％以上
・平均水深：40cm以上
・平均流速：0.25m/sec
・維持用水の損失防止：遮水壁と遮水幕の設置（流失率は3％以下）

□断面計画
1工区　2工区　3工区

図-25 維持用路の計画

清渓川の場合，降雨がないとすぐに涸れ川になりますので，維持用水の計画は最も重要です。1日12万トンを始点部から下流部に流れるような計画を立てています。その水源については，地下鉄駅から発生する地下水が約1日2万2000トン，これは15か所の地下鉄駅から発生する水です。そして，残り9万8000トンは漢江から直接引っ張って流れる計画です。その用水の水質基準は，韓国の環境基本法でレベル2ぐらいです。漢江の河川水の取水地点から清渓川の始点部までは約17kmです。

維持用水が流れる低水路の平均水深は約40cm，瀬があるところは約9cm，深いところは80cmぐらいあります。また，平均流速は1秒当り約0.25mです。

清渓川の河床は浸透しやすく，維持用水を流しても，長く流れず，伏流もしくは浸透してしまうので，それを防止するために，この低水路の下に人工的に遮断する膜を設置する計画です。これは粘土で作る予定で，深さ1mぐらいのところに設置します。この浸透防止膜を1工区と2工区に設置します。深さ約60cmの遮断膜です。

2．清渓川再生プロジェクト

（6） 道路計画

　清渓川の河川サイドの歩道は幅員1.5ｍです。車道は2車線ですが，商店街側には商人の作業用に2ｍぐらいの空間を確保しています。そして，河川への接近路は始点部から下流部までに25か所計画しています。もちろん階段は17か所と多いのですが，障害者のための傾斜路も8か所設ける予定です。

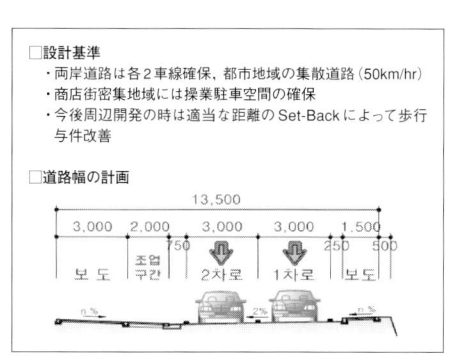

図-26　道路計画

図-27　道路計画

（7） 橋梁計画

　21か所の橋が計画されており，歩道橋6か所，車道橋15か所です。現在，そのうちの2か所が完成し利用されています。車道橋の中で鋼鉄によって吊られる橋が7か所，コンクリートスラブが8か所です。昔の石橋も見えていますが，2か所の石橋を復元する計画もしています。写真-6が廣通橋（グァントンギョ），写真-7は水標橋（スピョギョ）で，廣通橋は来年復元工事が終わるまでに計画どおり完成させる

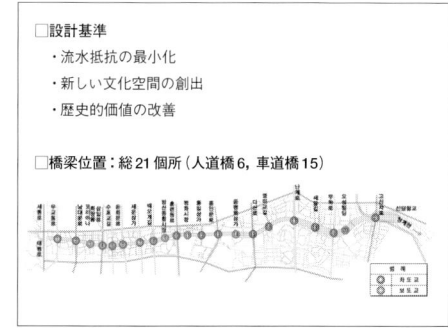

図-28　道路計画

写真-6　廣通橋完成イメージ

第Ⅰ章　川から都市を再生する─韓国ソウル市・清渓川再生の実践─

・Concrete Arch bridge
・Width : 21.0m, Length : 21.6m

写真-7　水標橋完成イメージ

予定ですが，水標橋のほうは長期的な観点から現在設計が進められています。橋としてはDu Mul Dainという歩道橋が，すでに利用されています。

(8) 造園計画

造園の基本的なコンセプトは，始点部のほうが都市型，下のほうにいくほど自然型のイメージを強くする計画です。低水路の護岸のタイプは，都市型が約4km，自然型が約7kmです。都市型のタイプは，上面に板石を張り付けたり，木材のデッキを利用するものです。そして，自然型タイプは，自然石を利用したり，高速道路の構造物の一部を利用したモニュメントも作ります。

高水護岸は，高さが2.3mから，6.5mぐらいと高いところもあります。高水護岸はコンクリート護岸ですが，景観を考慮して自然石をつけるよう計画しました。

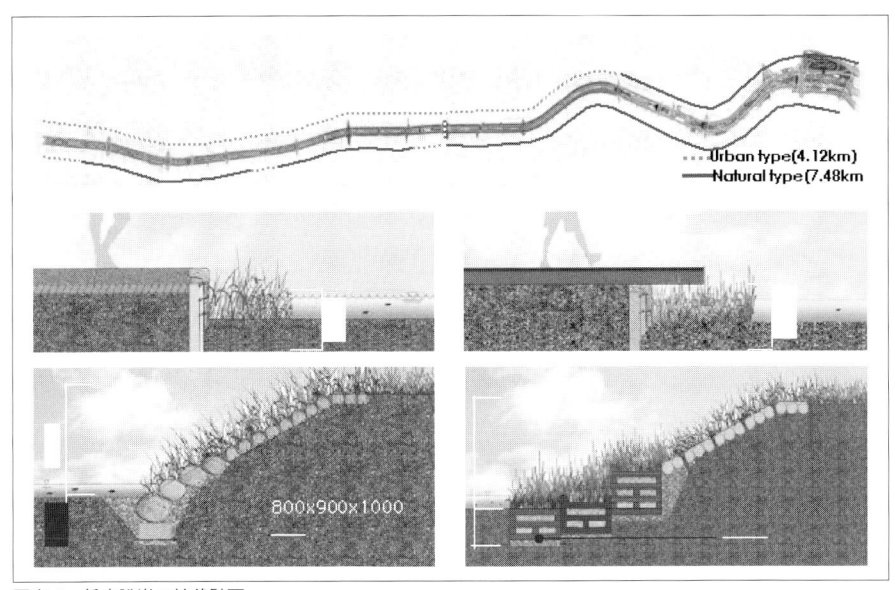

写真-8　低水護岸の植栽計画

これには，市民たちが心地よく自然に鑑賞できるよう黄金率を用いました。黄金率とは1対0.6ぐらいの比率です。護岸の上の部分はコンクリートそのままにし，下の部分は自然石でカバーする形です。そして上部につる草を植え，下のほうにも植栽をして，最終的には壁面全体を緑化する計画をしています。

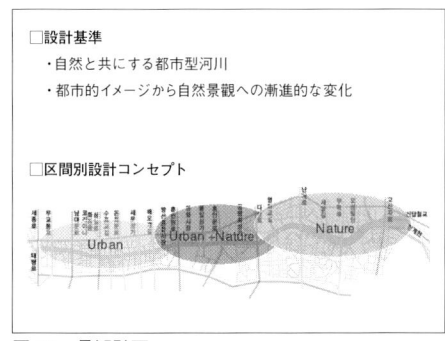

図-29 景観計画

街路辺の植栽については，河川側の歩道が全部人工的に覆蓋され，街路樹を植栽するのが難しいため，人工的に箱をつくって，中に街路樹を植栽する計画をしています。歩道側の街路樹は，1つは日本でタゴと呼ばれる樹木で，6mおきに約1500株を植栽する予定です。また，いろいろなところに工夫をして景観を形成するよう計画しています。親水階段，撤去残骸を利用した計画，トンネル噴水も計画しています。これは下流部にある湿地ですが，始点部のスケッチで，この部分は柱を除くなどの変更がされています。噴水が4か所，壁泉が5か所計画されています。導入する植物は，ソウル市やその周辺にはえているものを使います。

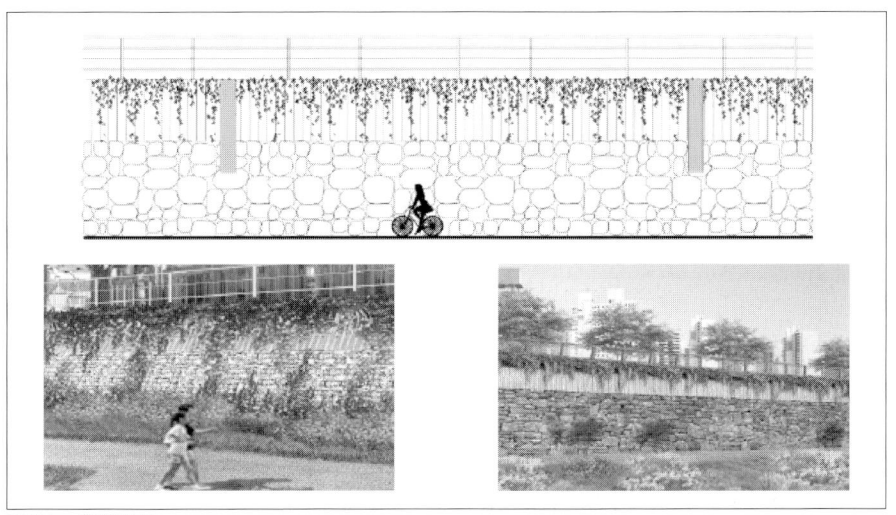

写真-9 景観計画

第Ⅰ章　川から都市を再生する―韓国ソウル市・清渓川再生の実践―

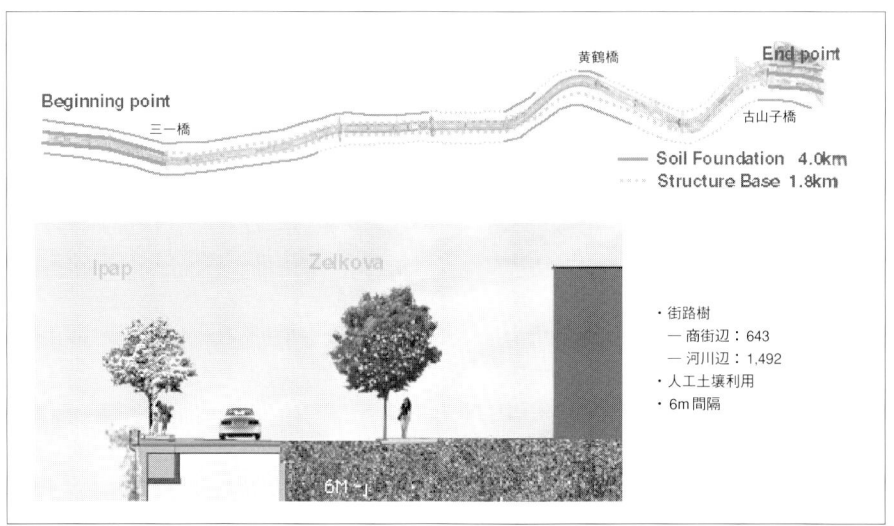

図-30　街路の植栽計画

写真-10　景観計画の完成イメージ

40

2．清渓川再生プロジェクト

（9） 照明計画

　照明は，道路と河川での光を分離する計画で，道路側の街路灯の高さは8mで光は30ルクスぐらい，河川側は5から15ルクスぐらいです。

　景観照明のコンセプトとしては，始点部のほうは歴史を感じさせるようにし，下流に行くに従い自然とのハーモニーを目指すことにしました。これは橋ごとの照明

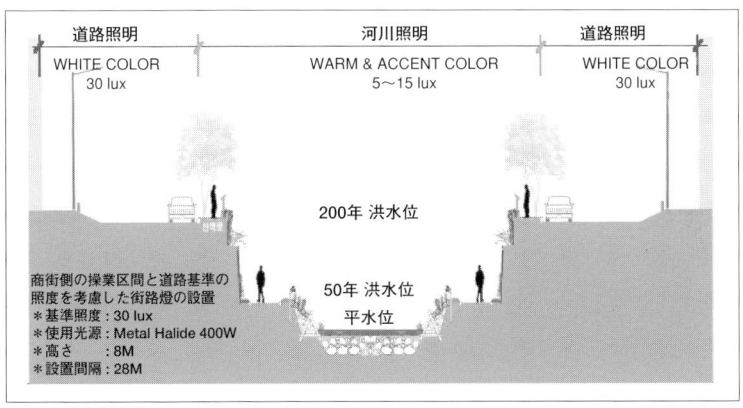

図-31　照明計画

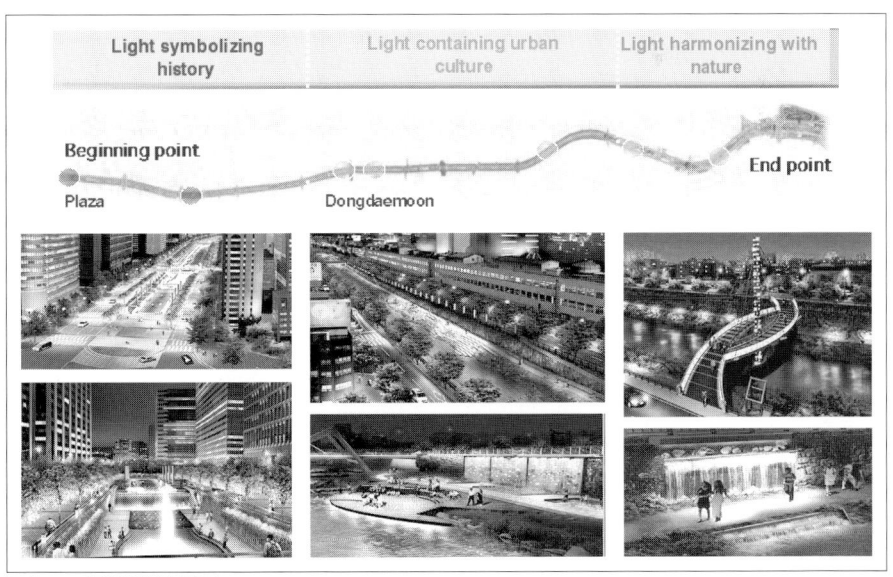

写真-11　区間別照明計画

41

計画で，照明のタイプは，LEDが約30％，メタルは40％，そのほかナトリウム灯なども計画されています。また，特定地域を強調する照明も計画されています。

4——事業施工計画および推進状況

　この事業は，工区を3つに分けて進めました。各区間は2.1 kmから1.7 kmとほぼ同じ長さです。

　事業の重要な部分は，構造物の撤去，下水の改善，河川の復元です。

　工事の施工方式は，先ほど述べたように設計施工一括入札方式です。最初の工事期間は，去年の7月1日から来年12月まで計画されています。

　予算は約360億円ですが，設計変更や物価変動などにより，最終的には400億円くらいになると思います。推進状況ですが，6月末現在で65％を終えているので，今年末までには約86％まで進むでしょう。来年4月までには植栽を終え，その後夏の洪水期を経て，造景工事や付帯工事を進め，9月末までにこの復元事業をすべて終える予定です。

第II章

水辺からの都市再生を考える

1. 取り戻そう水辺の環境と賑わい
—ソウルの清渓川と日本橋川からの都市再生—

日本大学名誉教授　三浦　裕二

美しかった東京の川

　文明を生み文化を育て，さらに都市の誕生と成長を支えたのは，そこを流れる河川である。江戸・東京も例外ではない。落語「目黒のさんま」を品川湊から舟で運んだ目黒川，滝廉太郎の名曲「花」や永井荷風の文学を生んだ隅田川，江戸の経済を先導した日本橋川，さらには文部省唱歌「春の小川」が生まれた渋谷川上流の河骨川（こうほね）など，江戸・東京の経済を支え，文化を育んだのが都市の川であった。

　「目黒のさんま」に登場するお殿様は松平出羽守。時は三代将軍家光の時代で，17世紀中葉の噺である。秋刀魚を食した場所も固定されている。今の目黒区三田二丁目茶屋坂の辺りで，坂を下ったところが目黒川である。広重も「爺々が茶屋」として江戸百景に残したこの地に，生きのよい秋刀魚を運んだのは目黒川を遡った川舟であったに違いない。目黒区の教育委員会もこの秋刀魚の輸送経路について，陸路説を否定し舟運説をとっている。

　名曲「花」は，1872（明治5）年，日本橋に生まれ育った武島羽衣の作詩である。彼を誉れ高き詩人，歌人として育てた原点は，住まいから程近い隅田川の風景であったに違いない。一方，24歳の若さでこの世を去る天才と賞賛された滝廉太郎は，1879（明治12）年の生まれである。滝は死の直前，武島の美しい詩にわが国最初の二部合唱の曲をつけ，歌集「四季」の第1歌として収めた。

　文部省唱歌として幼少の頃誰もが口ずさんだ「春の小川」は，河骨が茂り花を咲かせていたであろう代々木の河骨川近くに居を構えた信州生まれの詩人，高野辰之博士の詩に岡野貞一が曲をつけ，1919（大正元）年に発表したものだ。これらの歌を知らない日本人は

写真-1　河骨の花

まずいない。

　落とし話はともかく，詩による川や岸辺の自然，川面を行く舟影などの描写に，河骨の花，さらに旋律がつくことで，語りかけてくる桜咲く春の情景が水彩画のように浮かび上がる。何人ももつ原風景や心象風景というものは，創作をする人はもちろんのこと，それを鑑賞する人も五感を通した自己の体験のなかでしか結像しえない。

　下町と隅田川をこよなく愛した永井荷風は，1911（明治44）年の春小説「すみだ川」を発表した。アメリカ，フランスに遊び，帰国した荷風32歳のときの作品である。「すみだ川」は，母子家庭に育ち，大学進学という母の期待を背負う役者志望の長吉と，幼馴染みの煎餅屋の娘で芸子修行のお糸とのはかない恋の物語である。その序文で，荷風は当時の変わりゆく東京の街を捉えている。少し長くなるが，その一部を仮名づかいに手を加え引いてみよう。

　　（前略）然しわが生まれたる東京の市街は既に詩をよろこぶ遊民の散歩場ではなく，行く処としてこれ戦乱後新興の時代の修羅場たらざるはない。其の中にも猶わずかにわが曲りし杖を留め，疲れたる歩みを休めさせた処は矢張りいにしえの唄に残った隅田川の両岸であった。隅田川はその当時目のあたり眺める破損の実景と共に，子供の折に見覚えた朧なる過去の景色の再来と子供の折から聞き伝えていたさまざまの伝説の美とを合わせて，言い知れぬ音楽の中に自分を投げ込んだのである。既に全く廃滅に帰せんとしている昔の名所の名残ほど自分の情緒に対して一致調和を示すものはない。自分はわが目に映じたる荒廃の風景とわが心を傷むる感激の情とをとってここに何物かを創作せんと企てた。これが小説すみだ川である。さればこの小説一編は隅田川という荒廃の風景が作者の視覚を動かした象形的幻想を主として構成せられた写実的外面の芸術であると共に，またこの一編は絶えず荒廃の美追求せんとする作者の止みがたき主観的傾向が，隅田川なる風景によって其の叙情詩的本能を外発さすべき象徴を求めた理想的内面の芸術とも言い得よう。（中略）

　　さらばやがてはまた幾年の後に及んで，いそがしき世は製造所の煙突群立つ都市の一隅に当たって，かつては時鳥がなき葦の葉がささやき白魚閃き桜花雪と散りたる美しき流れのあった事をも忘れ果ててしまうとき，せめてわが小さ

きこの著作をして，痛ましき時代が産みたる薄倖の詩人が，いにしえの名所を弔う最後の中の最後の声たらしめよ。

　以上は，荷風が1913(大正2)年第五版の刊行に際して寄せた序文である。この時代すでに変貌し始めた隅田川河畔の風景を惜しむ心は文人墨客に限らず，多くの庶民が共感していたに違いない。そのことは，この本が4年にわたり版を重ねたことからも伺える。

戦後30年――変貌する東京の川
　「すみだ川」や「春の小川」が生まれてから三十数年，太平洋戦争でわが国は焦土と化し，敗戦を迎える。それからわずか10年で水道の普及率は40％を超え，消化器系の伝染病も減少する。一方で，経済に直接的効果の小さい市民のための下水道整備は先送りされ，所得に比例して増大する家庭雑排水は流域に垂れ流された。結果，子供たちの絶好の遊び場であった都市の小川は汚れてドブとなり，臭いものには蓋をかけ下水道と化していった。小川だけではない。隅田川ですら昭和40年代の中頃には，耐えられない異臭を放っていた。1959(昭和34)年，79歳の荷風が逝って十数年後のことだ。この耽美派の文豪が健在であったなら，この隅田川にいかなる言葉を残しただろう。
　こうして「春の小川」から40年ほどで，都市の住民と共にあった都市河川や掘割，運河の多くは，高度経済成長と引替えに，都市部への急激な人口集中と平行して進むモータリゼーションのなかで犠牲となり，大きくその姿を変えていった。
　オリンピックの誘致で国民全体が沸き上がった時代，武蔵野台地から流れ出した多くの清流と，江戸時代から営々と作られてきた下町の運河網は，都市開発に伴う流出量の激増による洪水対策と生活のための排水施設として，さらには増加の一途をたどる自動車の移動空間として機能させざるをえなくなった。
　東京オリンピックの記録映画で市川崑監督は，美しい日本の甍の波と建設途上の高速道路を空撮で対比し，都市の変貌を象徴的に予言した。ビルの間を縫うように運河や都市河川を利用して作られていく高速道路は，イラストレーター真鍋博氏描く夢の未来都市と重なり合って，誰しもが理想都市の幕開けのように思った。
　日露戦争に勝利してから40年を経て，わが国は太平洋戦争に敗れすべてを失い，

焦土から立ち上がった。一億一心はお手の物で，20年で奇跡の復興を遂げ，東京オリンピックを開催した。それから40年を経た今日，都市の再生が始まった。単なる区画整理や再開発ではない。小泉首相を議長とする科学技術会議に国交，農水，文科，環境，厚労，経産の6省が参画する「環境共生型流域圏・都市再生」という都市を生み育てた川の流域から見直し都市を再生しようとする研究プロジェクトである。研究の成果が生かされ，実行に移されることを切に願うものであるが，それに先立ち，すでに日本全国の多くの地域で住民参加のもと都市と河川の再生運動が展開し始めている。尾田栄章氏が代表となるNPO渋谷川ルネッサンスでは，蓋をかけられた「春の小川」を市民の手で青天の元に取り戻す活動を開始するとともに，渋谷川流域から世界の都市へ呼びかけ，第1回国際都市河川フォーラムとして情報発信するに至った。

川からの都市再生──ソウル特別市の清渓川

パリのセーヌ，ビエーヴル川，リオンのローヌ川，ケルン，デュセルドルフのライン川，ボストンとボストン湾など欧米先進国ですら例外ではない。都市と川あるいは水辺との大切な関係に気づいた多くの都市は，道路に遠慮してもらうことで，川や水辺と都市を融合させ，人と自然が主役になるとともに，賑わいを取り戻して地域の活性化につなげようとしてきた。ここでは隣国韓国の首都，ソウル特別市の中央を流れる清渓川の復元プロジェクトについて述べることとする。

14世紀末ソウルが朝鮮王朝の都と定められて以来600年，ソウルの母なる川であった清渓川は，都市の成長過程で犠牲になってきた。美しい名前とは裏腹に，汚されたうえに蓋をされ道路となったこの川は，多くの市民から忘れ去られた存在となっていた。この川を復元させることで都市の記憶を引き戻し，人間中心の都市ソウルとして再生するためのシンボルプロジェクトであり，現在世界の都市から注目を集めている。

清渓川はソウル市中心部を西から東に流れ，中浪川を経て大河韓江に合流する延長約11 kmの小さな都市河川である。王朝の都となってから20世紀初頭までの500年間は，洪水と生活排水による汚濁との戦いであった。川沿いのスラム化も進み排水路と化した川は，臭いものに蓋の論理で，全面に蓋をかけ暗渠化する計画が19世紀末に立てられた。実行に移されたのは1940年になってからのことで，植民地

としていた日本帝国の「大京城計画」をもとに鉄道用地としての利用であったが，それもごく一部の完成を見て終戦を迎えた。

韓国独立後間もない朝鮮動乱で疲弊したソウル市は，懸命な復興事業のなか，1958年に清渓川の本格的な蓋かけ工事を始めた。1961年にはその大半が完成し，その後1965年と1978年に東に延長され，最終的に延長約5 480 m，幅12～80 mの道路となった。

汚れていた川が広々とした道路となり環境が改善されれば，沿道は当然活性化する。1960年代になると沿道にはビルが林立し，交通量は増大する。さらに人口の増大で拡大した郊外と都心を結ぶ道路として，1967年に高架道路の建設が始まる。ここで清渓川が再度役立つことになる。延長約5 650 m，4車線の高速道路が完成したのは1971年である。

現市長のリー・ミョンパク(李　明博)氏は，2002年4月の市長選挙へ立候補するにあたって，人口1 000万人を超える大都市ソウルを環境に優しく，人間中心の都市空間とし，600年の伝統とモダニズムが調和する北東アジアの中心的都市とするため，ソウル市にとって母なる川である清渓川の復元を公約の一つに掲げた。自動車交通による効率一辺倒の都市から人間中心のゆとりと潤いのある都市へ，まさにパラダイムの転換を民意に問いかけたわけである。

この復元構想は，ソウル大学教授のヤン・ヨンジェ(梁　銃在)博士を中心に民間レベルで約10年前から調査・研究が積み重ねられていたものだ。川の復元は4車線の高速道路の撤去のみならず，8車線の一般道も4車線に縮小されることを意味していた。支線とはいえ，高架道路の日交通量は10万3 000台，一般道の日交通量は6万6 000台で，その7割は通過交通である。これらの交通量がプロジェクト完成後の4車線で対応できるよう，バスや地下鉄など新たな公共交通システムを再構築し，交通管理の向上を図ることで対応するとしている。公約では事業方式(3工区・プロポーザルコンペ方式)と工期(2002年7月～2005年7月)はもとより，事業費約3 600ウォン(約360億円)で，その65％(235億円)は構造物の撤去費用であり，すべての事業費を特別市で負担することも明示された。老朽化した蓋とその構造体は危機的状況にあり，供用後30年を経た高架道路の維持修繕費を含め，改築には100億円を超える多額な予算を必要としていた。さらに撤去は，何よりも都市施設の安全問題を根本的に解決することにつながっていた。

1．取り戻そう水辺の環境と賑わい—ソウルの清渓川と日本橋川からの都市再生—

　市民の賛意を得て当選を果たしたリー氏は，2002年11月市民委員会を立ち上げ事業に着手した。市民委員会は各界各層の市民代表と関係する専門家29名で構成され，その下部組織に歴史・文化，自然・環境，建設・安全，交通，都市計画および市民意見の6分科委員会（総勢85名）とそれを調整する企画調整委員会が14名の市職員によって編成された。委員は各界の専門家が59名(53％)を占め，市民団体と市民代表が35名(31％)，議員と担当部局の職員が18名(16％)で構成されている。

　同時に，プロジェクトの執行機関として「ソウル市清渓川復元推進本部」が設けられ，建築と環境を専門とするソウル大学教授のヤン博士が復元推進本部長を兼任する。

　特筆すべきは市長就任の日(2002年7月1日)にこのプロジェクトが開始されたことと，その合意形成システムである。この年の年末には基本計画案が提示され，新年早々に市民委員会での審議が始まり，議会への報告と市民公聴会を経て，2月末には入札公告，6月に3工区に分けた事業者の決定をみる。この間，商店街による計画反対のデモも行われたが，1年後の2003年7月1日に着工するというスピードである。準備が早ければ工事も早い。当初，高架道路部の撤去に3か月を予定していたが，2か月に短縮され，順次河川の復元工事に着手している。その過程で，高架道路の橋脚の数本は，都市の記憶のためのモニュメントとして川の中に残すという。細かい心遣いである。なお，企画調整の段階で最も強い反対勢力は市役所の役人であった，とヤン博士は述懐されている。市長および推進本部長のご苦労が偲ばれる。

　着工と同時に市内長橋洞には広報館が置かれ，計画から完成までの行程と工事中の対策などが解説され，完成後の模型が高い精度で作られている。初期には蓋がかけられた状況下での「清渓川探検ツアー」も企画され人気を博し，国内外からの来訪者はすでに1万人を優に超えたという。こうした努力の甲斐あって，現在では市民の8割がこのプロジェクトに賛成している。

　技術面はさておき，強力なリーダーシップ，合理的な合意形成システムおよび行政の仕組みには学ぶべきことが多い。

神田川・日本橋川からの都市再生

　重要文化財である日本橋と日本橋川を再度青天のもとに，そしてわが国の道路元

標を元どおり橋の中央に，という声は17年前からあったが，連日頭上を通過する大量の自動車に圧倒され大きな声とはならず，むしろタブー視される時代すらあったが，近年になって神田川，日本橋川を覆う高速道路が，学識者をはじめ行政，地元有志によって何かと話題にあがるようになった。

東京都では2000年8月神田川沿いの地域（日本橋川，亀島川を含む）を「神田川景観基本軸」として指定し，基本計画と景観づくりの基準を定めた。川と両岸各30ｍが基本軸に指定され，歩いて楽しい川沿いの景観創出，日本橋川では石積護岸などの歴史的景観資源の保全などが盛り込まれた。最近では，東京都と国土交通省，首都高速道路公団が加わり，道路と都市景観の視点から高速道路撤去に伴う代替え案が地上，地下で検討されるようにもなった。さらに，市民サイドの活動も日本橋地域100年計画委員会をはじめ，神田川では舟の会などが地域住民の共感を集めるに至った。(財)河川環境管理財団の支援を受け，元東京都建設局長石川金治氏，ソウル特別市の副市長となられたヤンソウル大学教授他を招待し，NPO都市環境研究会が主催したシンポジウム「水辺からの都市再生」には800人を超す聴衆が参加した。地域の人はもとより多くの人が清渓川の復元プロジェクトに興味をもち，日本橋川に注目していることが明らかとなった。

しかしながら，幹線となるべき外郭，中央環状線が未整備の首都圏にあって，現状の交通量からして都心環状の代替路線の配慮なしに，むやみな撤去論は成り立たない。さらに，首都高速道路公団も近く民営化される。採算に合わない事業には，おいそれとは手が出せない。こうしたことも水辺からの都市再生に新たな課題を投げかける。

一方，都心部交通の改善が図られ，高速道路が撤去されたとしても，治水対策から川幅を目一杯に広げ直立護岸とし，さらに両岸に近接して建ち並ぶビルの多くは，川に背を向け醜い姿をさらすものが多い。川に顔を向けてもその利用価値がないとなればやむを得ないことだ。川筋に公開空地を創出する，何らかのインセンティブを地権者に提供する仕組みづくりが欠かせない。さらに，隅田川との合流部に閘門を設け高潮対策とするとともに，神田川，日本橋川の堤防を下げ，合わせて干満に関係なく舟運を可能とする仕組みづくりも考えられる。密集地を解体し，点在する遊休地を利用して再開発を図るのも都市再生に違いはないが，利用しないまま舞台裏に置き忘れた都市の川を再度表舞台に引き出し，人にやさしい川と沿岸の整備を

道路や建物の整備に合わせて一体的に進める事業が都市再生のうえでは重要である。

できることから始めよう

美しい皇居周辺の景観は千代田区民だけのものではない。国民の，さらには観光に訪れる世界の人々の資産ですらある。都市再生が国の重要施策となり，さらに観光立国を目指すとなれば，北東アジアの中心都市としての地位を堅持するためにも，江戸・東京を今日あらしめた神田川，日本橋川など東京の川と，その沿岸のもつ環境・観光資源としての潜在価値に目を向けるべきである。人口減少期の次世代を担う子供たちに江戸文化と明治維新から今日まで商業経済を支えてきた下町東京をいかなる形で残すか，国民的議論とそれを束ねる新たな合意形成システムの構築と強い行政力の発揮が待たれる。

解決すべき課題は多い。そこで，まずできることから始めよう。それは蓋をかけられた清渓川の探検ツアーに倣い，まずは神田川・日本橋川一周観光クルーズを定常的に運行し，多くの人に川面からの視点で都市と都市の川の現状を見てもらう仕組みづくりである。またカヌーイストのために容易に水辺へアクセスが可能となる仕組みを提供することだ。鍵をかけ立入禁止としている常磐橋防災船着場も，日常的に利用されてこそ投資価値が生まれるというものである。常磐橋公園を含め，週末や休・祭日はカヌー同好会などに防災船着場を積極的に公開して，都市の川をカヌーが行き交う風景を創り出すのもよい。

本年7月，水辺の環境と賑わいを求めて，東京・ソウル連携シンポジウム「水辺

写真-2   写真-3

からの都市再生」を開催し，水辺からの都市再生を呼びかけた。その際，800人を超える参加者のなかから東京の豊かな水面の利用をアピールするため，是非多くの人が水上に集う企画を考えてはとの提案があった。

早速，浦安カヌー協会・三浦寛会長および中央・墨田漁業協同組合の協力を得て日本橋川・神田川・隅田川の周航を企画し広く呼びかけたところ，遠くは大阪，名古屋からも参加希望が寄せられた。去る11月23日の勤労感謝の日，常磐橋船着場に70歳を超える高齢者から6歳の子供まで42名，35艇が集い，約4時間にわたる周航を楽しんだ。下船後のアンケートでは，隅田川・神田川は快適だが，日本橋川は暗くてうるさい。江戸時代の石垣には小さな自然が根づいている。思っていたより水が綺麗といった感想のほか，カヌーの上げ下ろしができ，いつでも漕ぎ出せる施設が欲しいなどの希望が多かった。さらに，お茶の水橋，水道橋をはじめ，あちこちの橋で多くの歩行者の目を川に向けさせた。

川はかつてのように臭くはない。お茶の水の渓谷はまさに絶景だし，高速道路の橋脚を縫いながらの日本橋くぐりも一興だ。これから，各種カヌーのレースでも開催されれば，橋詰めや橋の上は大いに賑わうに違いない。地元の漁業協同組合や市民団体のなかには水上タクシーを始めようという動きもある。多くの人が船遊びから離れて久しいが，イベントとして神田川・日本橋川一周の体験クルーズを募集すると，抽選となるほどの希望者が集まる。非日常的な水上から町並みを眺めることが「水辺からの都市再生」に向けた国民的合意づくりの早道で，もしかしたら水上観光ビジネスとして成り立つかもしれない。

2．世界の先進事例——韓国・清渓川再生への取組み

リバーフロント整備センター　技術普及部長　吉川　勝秀
（慶応義塾大学大学院　政策・メディア研究科　教授）

　歴史を通じて，水・川は生命の源であり，都市の形成や発展において物流の基盤や都市の軸を形成する空間として，都市とは切り離せない存在であったことは事実である。20世紀の人口増加，都市化の進展により，パブリックな都市インフラである川の価値が忘れ去られていたが，再び水辺に向き合い，川の再生から蘇る都市が議論されるようになってきた。そして，その先進的な事例も数多く見られるようになってきた。例えば，ボストンでの水辺からの都市再生，シンガポールのシンガポール川，東京の隅田川，徳島の新町川からの都市再生などである。そして今，世界に注目される韓国・ソウルの清渓川（チョンゲチョン）からの都市再生がある。
　以下では，このソウルの清渓川の再生と都市再生を中心に，その概要を紹介する。

1——世界の河川と都市の風景

　都市の風景を形成する要素として，パブリックな都市インフラとしては，道と川と緑地・公園があげられる。そして，プライベートなものが多いが，建築物がある。日本では，都市の空間の約10％は河川空間であり，道路が16％程度，公園・緑地が3％程度であり，都市空間の約3割はパブリックな空間（公有空間）である[1]。土地と建物の私有財産権がきわめて強く，都市の計画的な誘導がきわめて困難な日本においては，公有空間である川（水辺）の再生と，それを核としての都市再生が考えられてよい。
　世界の風格のある都市を見ると，都市の骨格を形成する川と河畔のまち並みがある。例えばパリのセーヌ川，ロンドンのテームズ川，ローマのテヴェレ川，フィレンツェのアルノ川，ブダペストのドナウ（ダニューブ）川と河畔のまち並みなどがあげられる[1]～[2]。アジアでも，最近のシンガポールのシンガポール川，東京の隅田川，徳島の新町川，北九州の紫川などがある。
　一方，19世紀末から20世紀を通じては，都市の骨格を形成していた川や水路が

消失した時代であった。典型的なものとして，例えばウィーンのウィーン川(19世紀末から20世紀初頭に蓋かけ・暗渠化)，東京の日本橋川(1960年代に高架高速道路で上空占用)，ソウルの清渓川(1950年代後半に蓋かけ・暗渠化してその上を道路が占用，1960年代後半からさらにその上空に高架の高速道路を建設)などがあげ

写真-1　現在のシンガポール川と河畔の風景

写真-2　東京の隅田川と河畔の風景

2．世界の先進事例―韓国・清渓川再生への取組み―

写真-3　東京の日本橋川の風景
　　　　左上は上空に高架の高速道路の建設が行われる前（1964年の東京オリンピック前），右上と左下は現在の風景

られる．

　首都圏で見ると，明治時代から現在までに消失した水路網は，図-1に示すとおりである．東京の中心部から西部の丘陵河川の多くでは，水質が悪化し，モータリゼーションの時代の背景下で，埋め立てられ，あるいは暗渠化されて下水道化した．その上は，ごく一部の緑道を除き，道路が建設された．このような川や水路の埋立てについては，都市化の著しいアジアの都市においても，同様なことが行われてきた（あるいは行われつつある）．

　このように都市化の時代に環境が悪化して消失し，あるいはパブリックな都市インフラとして忘れ去られていた川や水辺が，これからの都市再生の重要な素材として考えられるようになった．日本では，1980年代中頃以降，川の行政を中心に，河川の空間としての再生が事業化されるようになった．ふるさとの川モデル事業，桜づつみモデル事業，マイタウン・マイリバー事業，緩傾斜堤防事業などと呼ばれたものである．

第Ⅱ章　水辺からの都市再生を考える

　そのような河川・水辺の再生から都市再生を進めてきた先進事例としては，ボストンのチャールズ川・マディー川の再生からボストン湾のウォーターフロント再生，さらにはダウンタウンと水辺を分断する高架高速道路の地下化（通称BIG DIGと呼ばれる大事業），シンガポールのシンガポール川と河畔の再生，日本では前述の隅田川河畔や北九州の紫川河畔，徳島の新町川河畔からの都市再生，そして後述する韓国ソウルの清渓川からの都市再生などがあげられる。

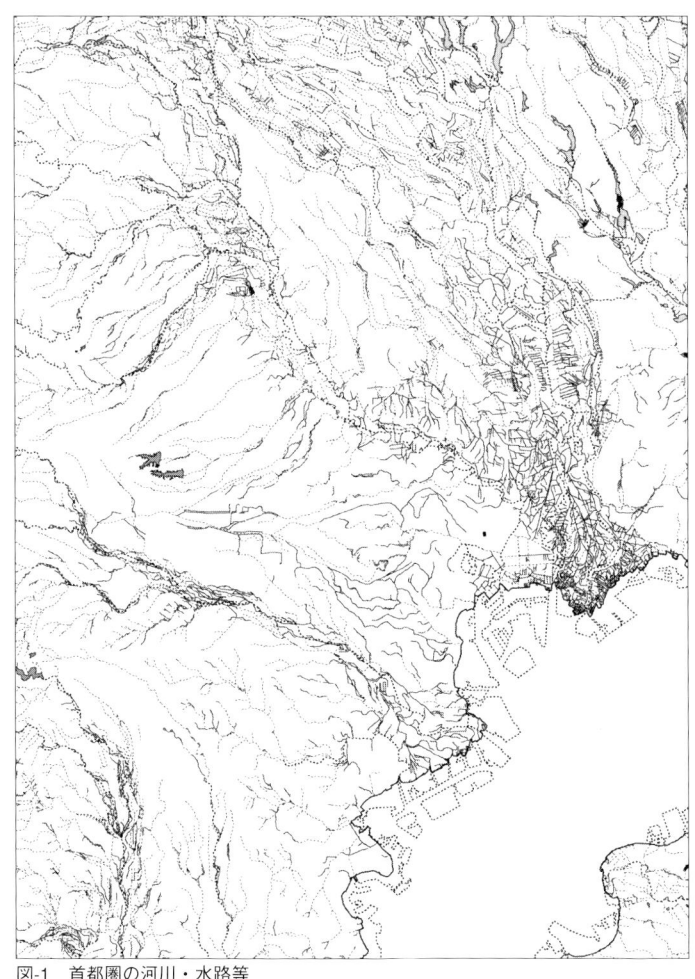

図-1　首都圏の河川・水路等
（実線が消失した河川・水路等，破線が現存する河川・水路等）

写真-4　北九州市の紫川と河畔の風景

2──韓国・清渓川再生から都市再生へ

　川の再生から都市再生を進める事例として，韓国・ソウルの清渓川再生からの都市再生という世界的に注目される事例をとりあげ，その概要を紹介する[1]～[9]。

(1)　清渓川の歴史的経過

　清渓川は，ソウルの中心地を流れる川であり，ソウルが韓国(朝鮮)の首都となって以来，その中心にある川である。かつては人が行き交い，多くの橋梁も建設され，そして洗濯の場・子供の遊び場として市民の生活に欠かせない場となっていた。ソウルの発展とともに，この川は都市の下水道の機能を果たしていたことから，環境が悪化し，また水害もしばしばあった。そして，朝鮮時代の後半には，貧困者が河畔に小屋を建てて住むようになった。

都市化によって生じるあらゆる問題，すなわち都市の排水路としての水質悪化，水害の発生，河畔の風景の悪化等が生じた。

そして，1937～42年にかけて一部区間が覆蓋され，1958年から覆蓋工事が本格化し，1978年までの20年間続いた。この覆蓋により暗渠化した清渓川の上は平面道路として利用されるようになった。さらにその上空に，清渓高架道路が建設されることとなり，1967年に着工し1976年に完成した。

(2) 清渓川の再生の意義

清渓川の復元は，①長く失われていたソウルの自然特性を再発見する，②600年に及ぶソウルの都市の歴史への連絡経路を開く，③ソウルを環境に配慮した都市に変貌させることにより，都市生活者にソウルの歴史や文化，自然の重要性を示す，という意味があるとしている。

すなわち，この再生事業の目指すところとしては，①600年の歴史をもつ大都市

写真-5　再生前の清渓川の風景（この高架道路の下を清渓川が流れていた）

の歴史的および文化的独自性の回復，②環境に配慮し，人間志向型の都市空間の創造，③清渓川を上から圧迫している高架および平面道路の安全問題への抜本的な取組み（撤去），④中心部のビジネス地区の再活発化によって，ソウルを国際金融およびビジネスの中心地に変革することを掲げている。そして，これにより新しい都市管理のパラダイムを定め，またソウルの独自性を明確にし，国際競争力を増進するとしている。これにより，「ソウルは21世紀の文化・環境都市である」と宣言している。

(3) 事業の内容

この事業は，①清渓川を覆う道路（平面道路と高架道路）を撤去し，開渠化する，②開渠となった清渓川を人々が利用できる自然的な川に再生する，③このような都市インフラとしての河川再生を核として，河畔周辺の都市を再開発する，としている。そして，この事業を選挙公約として2002年4月に当選した現市長の4年間任期

写真-6　再生工事の進む清渓川の風景（2004年8月）

内である2005年10月までに，①，②の事業を完了させるとしている。この約3年間という工期は，ボストンのBIG DIG（高速道路の地下化）事業が1983年に計画を決定し，1991年着工，2003年に都心部のトンネルの一部区間を除いて開通したのと比較しても，驚くほど迅速である（BIG DIGで高速道路を地下化した道路敷地部分の緑化や整備はまだ完了していない）。

この事業では，撤去された道路を地下等に再建することはせず，都心交通の需要管理，地下鉄・バスでの輸送力の増強，商店訪問者への各種顧客対策を講じることで対応するとしている。都市の再開発に関しては，地域住民の意見を反映して，市が中心となって再開発を進めることとしている。

なお，この高架道路・平面道路の基盤となっている覆蓋構造物は，1992年の安全点検の結果，老朽化等のために補修と補強が必要であることが明らかになり，1994～99年に一部区間の補修と補強がなされていた。そして，全面補修には約1000億ウォンを要するとされていた。道路そのものを撤去することで，その安全

写真-7 再生後の清渓川のイメージ（その1）

上の問題の抜本的解決が図られ，補修費用が不要となることも，この事業の背景となっている。

清渓川の道路撤去，河川の復元に要する費用は，約3,600億ウォン（約360億円）と専門家は見積もっている。

(4) 事業の合意形成と実施について

清渓川の復元については，市民（学識者を含む）による研究会での検討，周辺地域の都市開発に関する各種の研究があった。そして，2004年4月の市長選挙の重要な選挙公約となり，市民の関心が高まった。この選挙という場を通じてこの事業への全般的な合意が形成されることとなった。そして，この事業実施にあたって，専門家，市民，NGO活動家による市民委員会で主要な政策の審議と評価，調査と研究，市民意見の集約，市民に対する広報活動を行ってきている。特に，清渓川河畔の商店街の人たちへの対応が重要なテーマとなり，現地営業と移転の選択肢の準備等の対応が実施に移されることとなった。

写真-8　再生後の清渓川のイメージ（その2）

この合意の形成プロセス，さらにはきわめて短期間に事業の核となる道路撤去と川の再生を行うとしていることは，川からの都市再生についての韓国・ソウルの選択であり，特徴的なこととして注目されてよい。

　都市の空間には，相当広い面積を占め，しかも連続した空間である河川がある。前述のように，日本では，都市域に占める河川の面積は約10％と広大である[1]〜[2]。その河川空間を再生し，川を生かした都市の再生は，これからの時代の都市再生の重要なテーマである。その先進的な事例として，韓国・ソウルの道路撤去・清渓川再生を核とした，世界に注目される川を生かした都市再生の試みについて述べた。日本でも，川を生かした都市再生は着実に進んでいる。経済のバブル時代に進んだ隅田川河畔や紫川河畔のみならず，市民主導，行政参加で進む徳島・新町川を生かした都市再生などがある[2,7]〜[8]。

　ソウルの事例や徳島の事例は，これからの時代の日本橋川や渋谷川・古川等の川の再生と川を生かした都市再生の参考例として，堂々たるものである。これら2つの事例は，勇気のわく先進事例として，合意形成や事業執行面での工夫も含めて参考にされてよいと思う。川を生かした都市再生に興味と関心をもつプランナーや市民は，これら2つの事例の現地を訪ねてみるとよい。

参考文献
1) 吉川勝秀：人・川・大地と環境—自然共生型流域圏・都市に向けて，技報堂出版，2004
2) 吉川勝秀：河川流域環境学，技報堂出版，2005
3) ソウル市庁清渓川復元推進本部・清渓川復元市民委員会：清渓川復元事業，2003.10
4) Tai Sik Lee：Buried Treasure, Civil Engineering, The Magazine of The American Society of Civil Engineers, Vol. 74, No. 1, pp. 33-41, Jan. 2004
5) 日経コンストラクション特集　都市に自然を取り戻す—韓国・清渓川復元が浮き彫りにする日本の課題，日経コンストラクション，8－13，pp. 32-54，2004.8
6) 稲田修一・森本　輝：韓国の清渓川における河川再生について，河川，pp. 70-74，2004.3
7) リバーフロント整備センター編：川・人・街　川を活かしたまちづくり，山海堂，2001
8) 吉川勝秀：川からの都市再生：2つの民主主義—韓国・ソウルと徳島を例に，CEL, Vol. 71, pp. 36-41，2004.12
9) 石井幹子・岸　由二・吉川勝秀編：流域圏プランニングの時代，技報堂出版，2005
10) 自然と共生した流域圏・都市再生の再生ワークショップ実行委員会編著：自然と共生した流域圏・都市再生，山海堂，2005
11) 吉川勝秀他：川で実践する　福祉・医療・教育，学芸出版社，2004

3．海外事例に見る水辺の復権―都市の河川と道路―

リバーフロント整備センター　技術普及部長　吉川　勝秀
（慶応義塾大学大学院　政策・メディア研究科　教授）

　都市の河川と道路の関わりについて，海外の事例を中心に眺め，水辺の復権という観点から報告する。紹介する海外の事例は，いずれも何らかの形で筆者が訪ねたことのある場所のものである。そして，日本橋川等の日本における都市の河川と道路，さらには水辺の復権について述べることとしたい。

1――日本の川と道路

　世界の事例を見る前に，海外の事例と対比するうえで，日本の川について少し見ておきたい。
　首都圏の川は，20世紀を通じて，多くが地下にもぐり，消失したことが知られる（Ⅱ章2の図-1参照）。東京都心の西部では，丘陵地の川の多くが地下にもぐり，下水道となって暗渠化した。そして，東部の低平地ではおびただしい数の河川や農業用水路，運河が地下化し，消失したことが知られる。
　そして，現在残っている川でも，神田川・日本橋川，渋谷川（古川），隅田川等では，河畔あるいは川の上空に高架の高速道路が建設されている。
　日本橋川については，第Ⅱ章2の写真-3に示したように，東京オリンピック（1964年）の前年に，川の上に高架の高速道路が建設された。その日本橋川については，将来的にその撤去が議論されている（写真-1, 2）。
　都市の河川として行き着いたともいえる川として，渋谷川がある。JRの渋谷駅より上流は下水道として地下化した。渋谷駅下流は開水路として残っているが，コンクリートで覆われた川となっており，その間際まで川に背を向けた建物が建っており，パブリックアクセスが不可能となっている（写真-3）。そのさらに下流は古川と呼ばれているが，上空および河畔に高架の高速道路が建設されている（写真-4）。
　隅田川は，堤防を有する河川である。都市化，工業化の進展ともに水質が汚染され，地盤沈下した地域を高潮災害から守るための切り立ったコンクリートのパラペ

第Ⅱ章　水辺からの都市再生を考える

現状

当面の対応

将来

写真-1　日本橋川の将来
（高速道路の撤去．東京都都市計画局および建設局河川部の資料より）

写真-2　水上より見た日本橋川

3．海外事例に見る水辺の復権—都市の河川と道路—

写真-3　JR渋谷駅より上流は地下化（上2枚），下流は極端な都市河川となった渋谷川（下2枚）

写真-4　高速道路が占用した渋谷川下流の古川

写真-5　隅田川の水質汚染とパラペット堤防の設置

第Ⅱ章 水辺からの都市再生を考える

スーパー堤防

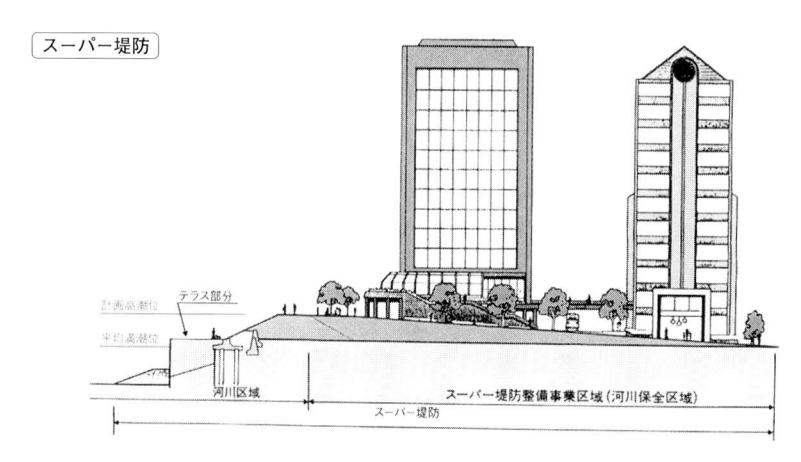

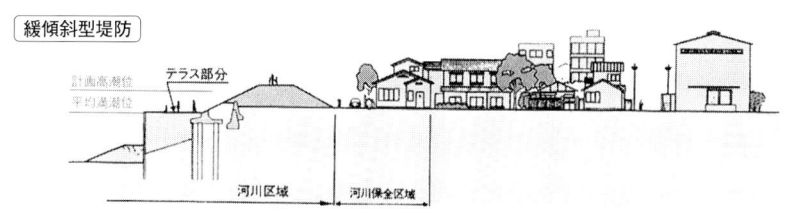

緩傾斜型堤防

写真-6 隅田川の緩傾斜堤防，スーパー堤防化とリバーウォークの設置

ット堤防が建設され，まちと川が分断された（写真-5）。その後水質の改善が図られ，河畔もパラペット堤防を緩傾斜堤防化し，あるいは市街地再開発とともに幅の広い堤防（スーパー堤防）化し，その前面の川の中にリバーウォーク（散策路）が整備されつつある（写真-6）。その隅田川の河畔にも，高架の高速道路が建設されている。

2——世界の川と道路

世界の事例について眺めてみたい。具体的に報告した事例のいずれもが，筆者が訪ねた都市等の事例である。

(1) ドナウ(ダニューブ)川の河畔に位置するハンガリーのブダペストとオーストリアのウィーン—河畔道路と川への蓋かけ—

都市の川と道路というテーマで，歴史的に早い時期にこの課題を抱えた例として，ヨーロッパ大陸を600年以上にわたって支配したハプスブルグ家のハンガリー・オーストリア帝国の2つの大都市を例に見てみたい。

① ブダペストのドナウ(ダニューブ)川の河畔道路

ハンガリー・オーストリア帝国のハンガリー側の首都ブダペストは，ドナウ(ダ

写真-7　ドナウ(ダニューブ)川河畔，ハンガリーのブダペストの風景
　　　（右上の写真はハンガリーの道路の起点の風景）

第Ⅱ章　水辺からの都市再生を考える

ニューブ）川の河畔の美しい都市であり，ドナウの真珠とも呼ばれている。この都市では，比較的早い時代に道路が建設された。また，ヨーロッパ大陸初の地下鉄が建設された都市でもある。

　ブダペストの中央を貫流するドナウ（ダニューブ）川の河畔においても，約150年前から川に沿った道路が建設されるようになった。当時は馬車が行き交った道路であったが，現在は幹線道路として車が行き交い，河畔のまちと川が分断されている。中心部の橋の右岸側は，ハンガリーの道路の起点（日本でいえば日本橋地点）となっている（写真-7）。

② ウィーン川の蓋かけと道路等への利用

　ハンガリー・オーストリア帝国の首都ウィーンでは，約170年前のペストの流行に対して，下水道の整備が始められた。ウィーン川はウィーンの森からウィーン市街地を流れてドナウ（ダニューブ）川に合流する。そのウィーン川は，今から約100

写真-8　ウィーンのウィーン川
　　　（左上：蓋かけの上流端。右上：その上流。下2枚：蓋かけの上部（駐車場，公園））

年前に川底を掘り下げるとともに拡幅され，コンクリート護岸で覆われた典型的な都市河川となった。そして，ウィーン川の下流部では，その川の両側に下水道の幹線が整備されるとともに川に蓋をかけ，その上は公園，道路，駐車場等として利用されるようになった。歴史的に最も古い時代に川への蓋かけが行われた比較的規模の大きな都市河川であると思われる(写真-8)。

(2) ライン川河畔のケルンとデュッセルドルフ—河畔幹線道路の地下化と水辺の再生—

最も早い時期に河畔とまちを分断していた幹線道路を地下化した例を，ライン川河畔のドイツの2つの都市で見てみたい。

① ケルンでの河畔幹線道路の地下化

ケルンは，ライン川河畔の落ち着いたたたずまいの都市で，かつてはローマの出先の都市(コロニー)として発展し，現在は観光都市ともなっている。観光都市のため，河畔に定常的な堤防を設けず，洪水時には建てかけ式の堤防を立てて洪水を防御している(写真-9)。

ケルンでは，河畔のまちと川を分断するように走っていた幹線道路(連邦道路，アウトバーン)を約20年前(1979～1982年の間)に地下化した(写真-10)。そして，地下化した道路の上空と河畔を公園として水辺を再生した(写真-11)。世界でも最も早い時期に幹線道路(高速道路)を地下化して河畔を開放した事例と思われる。

② デュッセルドルフの河畔幹線道路の地下化

ケルンからライン川を下ると，かつてのルール工業地帯の中心地，デュッセルドルフがある。この都市でも，河畔の幹線道路(連邦道路，アウトバーン)を地下化し，地下化した道路の上空に歴史的な様式のまち並みを復元するとともに，河畔を公園として整備し，川へのアクセスを回復して水辺を再生した(写真-12, 13)。

このプロジェクトは，ライン川河畔のアウトバーンを約2kmにわたり地下トンネル化(5.5万台/日の交通に対応)し，地下駐車場を設けるとともに上部に公園等を整備した。トンネル部分は1993年に完成，1995年に並木や散策路を整備した。その事業費は約425億円であり，費用は連邦，州，市が連邦道路の費用負担ルールに応じて負担した。旧市街地再開発は民間により行われ，約1 300億円の民間都市開発投資を誘導したと推定されている。

第Ⅱ章 水辺からの都市再生を考える

写真-9 ライン川河畔のケルンの風景(上2枚:現在の風景,下2枚:洪水時の風景)

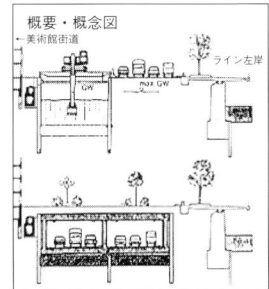

鋼製止水壁

写真-10 ケルンでの河畔幹線道路の地下化

3．海外事例に見る水辺の復権—都市の河川と道路—

写真-11　ケルンでのライン川河畔水辺再生

写真-12
デュッセルドルフでの
河畔幹線道路の地下化
（左上が工事中の風景）

写真-13　デュッセルドルフでのライン川河畔の水辺再生

71

(3) アメリカのボストンにおける水辺と都心を分断する高架高速道路の地下化（通称 BIG DIG）

アメリカのボストンでは，都心を貫いていた高架の高速道路の地下化が行われた。このプロジェクトは，慢性的な交通渋滞の解消とともに，都心とボストン湾の水辺との間を分断する障害物（高架高速道路）を撤去することを目的として行われている（写真-14～16）。

高速道路の地下化によって生み出された道路敷地は，都心を貫く，連続した緑地等の公共スペースとなる。

このボストンでは，約100年前より川と河畔を再生する努力が営々と続けられてきた。チャールズ川河畔のバックベイと呼ばれる地域や，そこに流入するマディー川の再生である。マディー川の再生とその河畔の緑地・公園はエメラルドネックレスと呼ばれている。そして近年では，ボストン湾岸のウォーターフロントの都市再開発やボストン湾の水質浄化（合流式下水道の雨天時汚水も含めた高度処理）が進められてきた。都市と水辺を分断していた高架高速道路（セントラル・アーテリー）の地下化は，このような水辺の再生の延長上にある。

このプロジェクトはレーガン政権当時に決定された。当時のレーガン政権は小さな連邦政府を指向し，連邦政府の

写真-14　ボストンと高架高速道路（セントラル・アーテリー）

写真-15　高架高速道路の地下化（BIG DIG）

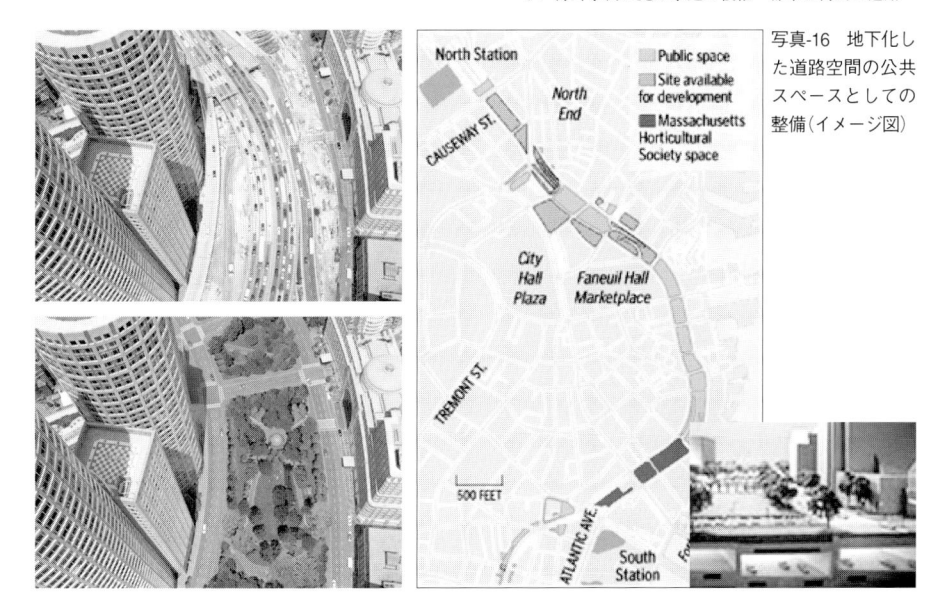

3．海外事例に見る水辺の復権―都市の河川と道路―

写真-16 地下化した道路空間の公共スペースとしての整備(イメージ図)

支出削減を進めた時代であったが，連邦政府が費用の85％を負担するということでスタートした。その決定には，マサチューセッツ州選出のケネディ議員や下院のオニール議長等への配慮があったといわれている。費用はその後大幅に当初の予定を上まわり，1兆3000億円を超え，最終的な連邦負担は65％程度になったとされている。

(4) 韓国の高架高速道路・平面道路撤去と清渓川(チョンゲチョン)の再生を核とした都市再生

世界から注目される清渓川の水辺からの都市再生プロジェクトについては，本書の第Ⅰ章1，2および第Ⅱ章1，2で述べたとおりである。

韓国における水辺の再生には，ソウルオリンピック前およびサッカーのワールドカップ開催に際しての漢江の河川空間整備(写真-17)や，清渓川の再生に先立つ済州道サンジ川の再生(川の上に建設されていた建物，まち並みを撤去し，川を再生。写真-18)があった。

清渓川のプロジェクトには，上述のボストンのBIG DIGも影響を与えたといわれている。

73

第Ⅱ章 水辺からの都市再生を考える

写真-17 韓国・ソウルの漢江の河川空間整備

写真-18 韓国・済州道のサンジ川の復元

(5) スイスのチューリッヒ―川の上空への高架のアウトバーン(高速道路)の一部建設と計画の中止(計画の変更),撤去の決定―

　スイスのチューリッヒでは,チューリッヒ湖から流れ出るリマート川とその支流のシール川の上空や河畔を使って,国内からのアウトバーンとドイツ,オーストリ

3．海外事例に見る水辺の復権—都市の河川と道路—

アからのアウトバーンを連結する計画を決定し，一部区間を建設した（写真-19, 20）。しかしその後，ランドスケープや環境問題等の理由から途中で計画を変更し，建設は中止となった。この計画変更は1960年代後半，約40年前のことである（1968年頃。日本で日本橋川の高架高速道路が完成したのは1964年であった）。

写真-19　スイスのチューリッヒ湖（左上）とリマート川（右），支流のシール川（左下）

写真-20　シール川に建設された高架高速道路
　　　　　（利用されていない。撤去が決定）

　アウトバーンの計画は，川の上空を使って結ぶ計画から，チューリッヒ市の郊外でリング状に各アウトバーンを結ぶ計画に変更された。すでに建設された部分については，予算が確保され次第，未使用区間は撤去することとなっているが，予算が確保できないため放置状態にある。

（6） パリのセーヌ川の高速道路

　パリは，約130年前に都市の大改造が行われ，ヨーロッパでの位置的な優位もあって，現在は世界一の観光都市となっている。パリはローマの出先の都市として発展したが，その中心地のシテ（シティ）島にはノートルダム寺院等がある。その対岸には，川の中に高速道路が建設されている（写真-21）。区間的に短いこと，高架ではなく川の中に建設されていることもあって，あまり目立たない形ではあるが，都市と道路の関係を示す事例である。

　冬の洪水時にはこの高速道路が水没するため，パリの交通はさらに渋滞する（写真-22）。

写真-21　パリのセーヌ川：シテ島付近の風景と高速道路

写真-22　パリのセーヌ川：川の中の高速道路と河畔の風景
　　　　（左：川の中の高速道路　右上：冬の洪水時の様子
　　　　　右下：観光船の航行風景）

この高速道路を夏季の一定期間閉鎖し、ビーチとして利用するイベントも開催されるようになっているという(写真-23)。

写真-23　セーヌ川の高速道路を使った夏のイベント

(7) その他

以上のほかにも、筆者は直接的には現地調査等をしていないが、都市と高速道路の関係の今後の方向を示す例として、ニューヨークのバッテリーパークの地下トンネル、フランス・リヨンのロアール河畔での地下化(左岸)、ベルリンのポツダム・プラッツの再開発で幹線道路を地下化したこと、パリのA86の地下化の検討等が知られている。

以上のように、韓国や欧米での事例を見ると、河畔あるいは川の上空に道路を建設する時代は先進国等では終わり、それのみならず、すでに建設された河畔あるいは川の上空の幹線道路を地下化あるいは撤去して都心交通をマネジメントすることにより、水辺を再生することから都市の再生を試みる時代となっているように思われる。そして、その先進的な事例には、それぞれの背景、運動、政治的な判断等、再生に向かうチャンスがあったように見える。

3 ── 日本橋川,渋谷川について

　海外の事例を参考に,高架高速道路が建設されている日本橋川や渋谷川(古川)のこれからについて少しコメントしておきたい。

① **多方面で高速道路の撤去が議論される時代に**
　高速道路の撤去や地下等での再建が,川や水辺の再生という視点からの議論を含め,多方面で議論される時代になった。それらはこの約10年間でのことである。東京都の河川部局の委員会で,当面の高架道路の修景と河畔のアクセスの整備,将来の撤去が提言されたのが公式的には最初であった。その後,東京都の都市計画部局では,将来の高架高速道路の撤去をホームページでも示すようになった。そして,高架高速道路の将来について,国土交通省,東京都,首都高速道路公団の委員会では,いくつかの地下案,隣接建築物(ビル)との一体整備案,高い上空案などの代替案が示された。さらに,国土交通省の事務所等による委員会は,日本橋付近の将来像(高速道路を再建する前提での日本橋周辺の都市再生像)の公募と選定を行うまでになった。

　かつては遠慮がちに行われてきた議論が,実施までの課題や将来ビジョンを示しつつ,徐々に具体的に議論されるようになったといえる。

② **その実現には解決すべき基本的な課題がある**
　基本的な課題を列挙すると,以下のようなものがある。
・検討地区の範囲:どの区域を対象とするか。
・道路の事業か,国家的あるいは都をあげての事業か:海外の事例はすべて国家的事業または特別市(ソウル特別市等。日本でいえば東京都に相当)をあげての事業である。
・費用の負担:高速道路の独立採算性の枠内での議論は論外であり,国や都の費用負担は不可避。諸外国の事業はいずれも公的負担によるものである。
・複合事業として,チャンスはつかめるか:都市再生と連動するものとして実施する場合は,都市再開発等との複合化,あるいはその先行事業としての位置づけが求められる。すなわち,複合事業としての組立てが必要となる。この面で,都市計画は機能するか,機能させられるかという課題がある。

③ 海外事例から学ぶこと

海外事例から学ぶことができるものとして，次の3つをあげることができよう。
- 決定のプロセスとチャンス（ボストンの選択，ソウルの選択，ドイツの2つの都市の選択）
- 費用の負担
- 周辺整備，都市再生との連動

　都市の河川で，河畔や川の上空への道路建設による都市と水辺の分断，都市景観や都市の歴史の喪失等の問題について見たとき，道路を地下化する，あるいは道路を撤去・縮小して都心交通をマネジメントすることによる水辺の再生，それを核とした環境と共生し，活力ある都市への再生は，世界的な流れでもあるように思える。

　日本でもその時代を迎えつつあり，上で述べたような基本的なテーマをクリアーしつつ，その実現に備えたいと思う。巡りくるチャンスに備える時であるように思う。

　その実践への展開には，市民の支持を得つつ（期待しつつ）行う自律的・継続的主体による検討，専門的・行政的な検討，政治的なチャンスのいずれもが必要であろう。

参考文献
1) 吉川勝秀：人・川・大地と環境，技報堂出版，2004
2) 吉川勝秀：河川流域環境学，技報堂出版，2005
3) 石川幹子：都市と緑地，岩波書店，2001
4) 石川幹子・岸　由二・吉川勝秀編：流域圏プランニングの時代，技報堂出版，2005
5) 神田　駿・小林正美編：デザインされた都市ボストン，プロセス・アーキテクチャー，79号，1991
6) 吉川勝秀：川と高速道路―日本橋，日本橋川の再生，土木技術，Vol.58，No.9，pp. 65-73，2003.9
7) 関　正和：水辺と道路，河川，No.503，1988.6
8) 東京河川ルネッサンス21検討委員会：東京河川ルネッサンス21（最終報告），東京都建設局河川部，1996.8
9) 東京都心における首都高速道路のあり方検討委員会：東京都心における首都高速道路のあり方に関する提言，国土交通省・東京都・首都高速道路公団，2002.4

4．水辺からの都市再生の事例
―日本と世界の先進的あるいは萌芽的事例―

リバーフロント整備センター　技術普及部長　**吉川　勝秀**
（慶応義塾大学大学院　政策・メディア研究科　教授）

　この本では，韓国・ソウルの清渓川再生プロジェクトを中心に，川と道路の関わりを再構築することによる水辺からの都市再生について述べてきた。

　ここではさらに幅を広げて，日本で現在取り組まれている水辺からの都市再生，および世界の先進的あるいは萌芽的な水辺からの都市再生の事例を紹介したい。

　日本の事例としては，都市再生議論のなかで比較的よく議論されている7例と，すでにある程度再生が形になっている3例，合計10例について報告する。

　海外の事例としても，比較的よく知られたアジアの3例と欧米の3例，合計6例を報告する。

1――水辺からの都市再生への取組み（日本の10事例）

（1）　都市再生で注目される事例等(7事例)

　現在，行政あるいは市民団体等により取り組まれている事例を整理すると，表-1のようなものがあげられる。この事例の多くは，「水辺からの都市再生ワークショップ―自然共生型流域圏・都市再生(2004年12月，主催：リバーフロント整備センター技術普及部)において報告」を頂いたものである。

　それぞれの河川での取組みは表-1に示したようなものであるが，以下にその特徴的な事項を述べる。

①　徳島市・新町川

　市民団体，市民(商店会等)がリードしてきた河川再生の事例である。NPO新町川を守る会による定期的な河川清掃，ほぼ毎日行われている無料の遊覧船の運航とともに，市民(商店会等)による河畔のボードウォークの整備と川に顔を向けた建物の立地，市および県による河岸や公園の整備がよい形で連動して進められている。

4．水辺からの都市再生の事例—日本と世界の先進的あるいは萌芽的事例—

表-1 日本における川からの都市再生の事例について

(1)徳島・新町川	徳島市の中心部を流れる新町川は長い期間にわたって人々の営みを支えてきたが，特産の藍産業の衰退により，藍の舟運に使用されていた新町川は人々の意識から遠ざかり，昭和40(1965)年前後まで流域の工場・家庭から出される排水で魚がすめないほど汚れたドブ川となった。 　平成2(1990)年「新町川を守る会」を結成。ボランティアでボートに乗り新町川のゴミ拾い。船4隻で川のゴミ掃除を行っている。毎回4トンぐらいのゴミが回収される。会員は現在280人。会費は一人3,000円。 　平成4(1992)年「ひょうたん島遊覧船試乗会」を結成。ひょうたん島をグルっと回る遊覧船を無料で運行。途中から徳島市の委託業務として依頼されるようになる。今では年間約3万人が乗船。 　河岸の護岸はその延長の7～8割を地元の青石で覆う形のものに整備された。 　河川沿いで花壇を育成・管理(約250mの区間)(河川管理者は黙認の立場)。花植え費用の大部分を守る会で負担している。 　市民の意識を川に向ける各種イベントを開催。吉野川沿川5万人の市民による一斉清掃。「サンタが川からやってくる」を毎年クリスマスに実施。環境啓発イベント「ラブリバーフェスティバル」(行政の依頼)，川辺でのコンサート等を開催。 　障害者(車椅子)でも新町川で舟に乗れるようにする試みを実施。 　はじめは民間(NPO)が自主的に動いていた。活動が軌道に乗り始めると行政(県)も力を入れ始めた。現在でも市民が活動の主役。行政は脇役，しかし行政も非常に協力的である。 　住民参加をするには，まず住民主体で動き，それに行政が参加するという行政参加にならないとダメ。県などが進める住民参加は中身的には住民参加になっていない場合が多い。行政がハード，住民がソフトを担当するという役割分担がよい。 　変わってきた川：昭和40(1965)年頃は汚い川だったが，現在は40種くらいの魚(40-60cmのスズキなど)が出現。「川が急にきれいになった」。学校の生徒も見学に来る(環境教育の一環として)。
(2)京都・堀川	京都市のほぼ中央，堀川通に沿って北から南に流れる川。平安時代に開削された運河で鴨川に流入する。一条戻橋，中立売橋などの橋が有名。生活・灌漑用水として利用されていた。 　伊勢湾台風(昭和34(1959)年)，第二室戸台風(昭和36(1961)年)の際に大浸水を経験，浸水対策を実施。現在は水源が断たれ普段は水が流れていない(幅60cmくらいのU字溝に少し水がある程度)。現在は脇を流れる合流式下水道の雨天時の放流先として，コンクリートで底打ちされた水路になっている。合流式なので大雨時には汚水が流入し悪臭を放つ。 　平成11(1999)年6月，学識経験者らでつくる「京の川再生検討委員会」から「山紫水明の町づくり」が提言される。堀川を再生すべきモデル河川として位置づける。上流の疎水の水を引っ張ってきて流れを再生させる。「堀川水辺環境整備事業」として堀川に清流を復活させ，まちづくりと一体となった水辺空間の整備を行う。堀川の水で二条城の外堀の水質浄化。二条城からさらに西高瀬川へ導水，水と緑のネットワークを作る。消火用水としても活用。 　沿川住民の意見を構想に反映させるためのワークショップを開催。堀川水辺環境整備構想のデザインの骨組みとして，①水の流れ，②人のにぎわい，③緑の保全・創出，④歴史・景観の活用を提唱。 　ワークショップによる基本構想の作成，5つのゾーン(A－Eゾーン)分け。参加者は14学区の代表4名ずつ，計56名。最後に全体でワークショップ。10ヶ月で合計80回くらい開催。感想として「疲れた」。 　今年度(平成16(2004)年度)から整備に着手。川の中にせせらぎ水路，散策路をつくる。平成22(2010)年完成予定。 　維持管理が課題となる。これから推進懇談会(仮称)をつくる。

81

(3)名古屋・堀川		名古屋市を南北に貫流する庄内川水系に連なる延長16.2 kmの一級河川(管理者は愛知県知事)。1610年名古屋城築城と併せて福島正則によって開削された。大正時代までは清流であったが、昭和の時代に入り市街化の進展に伴って水質は悪化。建物も次第に堀川に背を向けるようになり、市民に忘れられた存在となっていった。 　堀川の整備について:昭和63(1988)年マイタウン・マイリバー整備河川の第一号に指定される。平成元(1989)年に堀川総合整備構想を策定:「うるおいと活気の都市軸・堀川」を再びよみがえらせることを目標とし、現在4地区で河岸の通路等の整備を行っている。 　水質はBOD50強くらいあったのが、下水道整備等により昭和50(1975)年で10 ppmくらいに、最近では6～7 ppm。 　堀川水環境改善緊急行動計画(源流ルネッサンスⅡ)を策定して実施中。堀川の流量はその8割が下水処理水となっている。この計画は、計画目標年度を平成22年(2010年度)とし、名古屋市と河川管理者・下水道管理者および関係者が一体となって、地下水の活用、下水処理水の水質改善・合流改善、ヘドロの浚渫、エアレーション等を通して水環境の改善を行う。目標とする水環境は、魚の泳ぐ姿が見える川、上流部の水辺で遊べる川、中下流部の沿川でくつろげる川・舟遊びができる川である。 　市民による運動として、1 000人調査隊(2004年庄内川から堀川への導水が0.3トン/秒から0.5トン/秒に増量。それによる堀川への影響(水質等)を市民が調査)や堀川一斉大掃除、堀川を考える小学生の集い、「堀川を清流に20万人署名」、ゴンドラの運行がある。 　その他事業として旧加藤商会ビルの修復、B1に「堀川ギャラリー」。タイレストラン、リバーウォーク、賑わい事業区域の整備。舟運に関する整備による水上ネットワークの形成(舟運は不定期だが年間1.5万～2万人が利用)。
(4)東京・隅田川		隅田川は川幅が150 mぐらいある大きな都市河川。昔の荒川(現在の荒川は開削によってつくられた)。課題としては、周辺が工業地帯で、高潮対策でカミソリ護岸となっていたこと。 　下町河川の「顔」づくり。基本方針は河川における賑わいの創出・河川の情報発信の強化・住民が河川利活用の主役となる仕組みづくり。河川事業での支援。 　スーパー堤防の根固め部分にテラスをつくる。しかしスーパー堤防は工場の移転に伴って進めているのであまり進んでいない。 　再生施策は「観光」を一つの目標とする。具体的な行動:オープンカフェテラス、隅田川サイン計画、ホームページ「隅田川を歩こう!」の開設、隅田川スタンプラリー、等。
(5)大阪・道頓堀川		水の都大阪再生構想(平成15(2003)年策定):大阪は元々水の都…都心を囲む水の回廊(土佐堀川・木津川・東横堀川・道頓堀川)。 　道頓堀川水辺整備:道頓堀川の遊歩道整備。2000年より道頓堀川水門(下流側)・東横堀川水門(上流側)供用開始…水質浄化、高潮防御、水位制御(遊歩道を水面に限りなく近くするため)、閘門機能(舟運)。2段の遊歩道の整備(水にも建物にもアクセスしやすい) 　水質:環境基準値を超えるBOD、大腸菌群数→合流式下水道の改善(雨天時汚水の貯留管をつくって雨天時そこに貯めている) 　河川敷地占用許可準則の特例措置:河川空間利用の規制緩和→オープンカフェやイベント用機材等の施設が占用施設として認められるようになった。広場・イベント・施設・売店・オープンカフェ等の利用では、占用主体である公益法人が河川管理者と民間業者の間に入る。突出看板、日よけ等の簡易なものについては、民間事業者が占用主体となり、河川管理者と直接交渉。公平性・安全性等の確保のためのルールを調整する水辺協議会(上位機関)を設置。 　道頓堀川を大阪市都市景観条例に基づく景観形成地域に指定。 　水上交通ネットワーク(舟運ルールの確立・船着場の整備等)。 　課題:マスタープラン作り(住民参加ではなく、住民公開のもと)。ハードだけでなくソフトも。

(6)東京・渋谷川		渋谷ではかつて至る所に川が流れていた。渋谷川の上流は暗渠化。 　渋谷のまちの特徴：情報文化の発信地，居住人口が18万人と少なく，平均年齢約70歳，昼間人口は360万人。 　渋谷川ルネッサンスは渋谷川に「春の小川」を取り戻すことを目的とする。渋谷川を活かしたまちづくりという段階にまだ至っていない。もともとは地域通貨活動と渋谷川のジョイントが始まり。 　ＮＰＯ渋谷川ルネッサンスの活動：①「より自然を感じられる護岸」の復活：地域通貨を使って集めた30万円で，護岸を自然に近づける試み→溶岩でわずかなエリアに護岸パネルをつくる。コンクリート擁壁の上の護岸作りも自然がどの程度戻ってくるか試す。②まちづくりの主体となる地域の現場への参加。③古老たちより「川の記憶」収集。④世界都市河川ルネッサンス開催。 　平成16(2004)年からの活動：打ち水大作戦，渋谷「再開発計画」との連携。 　渋谷川ルネッサンスの今後のビジョン：①春の小川アピール拡大：渋谷，原宿，青山一帯を「春の小川」のまちに→「流域」単位の街づくり。②3つの「流域ネットワーク作り」：流域住民ネットワーク，流域学生ネットワーク，流域企業ネットワーク。③現実の蓋開け。次に若い人たちが集まってくることを期待する。
(7)石川・御祓川		七尾マリンシティ構想：「港から町を元気に!!」「水辺からの都市再生へ。 　港からの再生：市民と自治体で七尾マリンシティ推進協議会設立。繁栄した七尾湾の一部を市民交流空間として提供。新しい港湾空間を市民交流施設へ ～フィッシャーマンズワーフの建設。 　駅前と港に集客，その間の距離は700ｍ→軸をつくる「シンボルロード」と御祓川：港から川へ。 　御祓川はシンボルロード沿いの汚い2級河川。川幅は河口でも10ｍぐらい。 　川からの再生：マリンシティ構想運動メンバー8人が資本金5000万円で株式会社御祓川を設立。株式会社御祓川：御祓川の再生を目指す。ヒト，ミセ，マチの関係再生，川沿いの風景の創出を目指す。「御祓川の再生がないと街の再生はない！」。はじめから赤字覚悟，出資者も配当を望むような人達ではない。 　事業内容は①御祓川の浄化：官民共同研究，技術シンポジウム→浄化の促進，②界隈の賑わい創出：塾運営，出店プロデュース，③コミュニティ再生：親水イベント，川づくりNPO支援→市民意識の高揚，④寄合処の設立。 　川への祈り実行委員会(NPO)：合い言葉「川はともだち」。川掃除と遊び。源流探検（加藤登紀子コンサートがきっかけ）。七尾：和ろうそく日本一。泰平橋の開通イベント主宰。JAZZイベント(現在5年目)。少しずつ輪が広がってきている。会員20～30名程度。 　御祓川浄化研究会：高校生が言い出してばっ気による浄化の実行。現在実験の第4段階，空気+植物浄化による高度処理。「本当に目指しているのは市民と水辺のつながりの再生」。排水路対抗御祓川浄化大会。下水道なし→「家庭と川がつながっている」。 　ネットワーキング：テーマに応じていろいろな団体と一緒に取り組む。 　「まちづくり会社型」と「ワークショップ型」：どちらがよいのではなく，どちらも重要。使い分け。
(8)北九州・紫川		日本の富国強兵施策の発祥の地。かつては八幡製鉄所等の重工業地帯。洞海湾の汚染と紫川の水質汚染。 　洞海湾の再生と紫川の再生。 　マイタウン・マイリバーの先進事例として川と河畔の再生。河畔の公開空地，川に面した建物(ホテル等)，多数の橋が設けられ，都市の開かれた空間となっている。
(9)広島・太田川		戦災(原子爆弾)で徹底的に破壊された後，戦災復興計画で河畔に緑地と歩道等を位置づけ，都市を再建。 　都市の軸として河川空間(川の水面，河畔の緑地，通路等)が活かされている事例。河川舟運も一部で運行されている。
(10)京都・鴨川		古都の川として，川へのアクセスや川の中の通路を整備し，河川空間が広く利用されている。景観的にも優れた川となっている。

第Ⅱ章 水辺からの都市再生を考える

戦災復興計画での構想(都市計画)が現在に引き継がれた形になっている。

再生された川が都市の軸としてしっかりと位置づけられ，都市の特徴となってきている。

いわゆる行政主体・市民参加ではなく，NPO新町川を守る会中村英雄理事長のいう市民主体・行政参加が特徴である。この活動は強力なリーダーの存在によるところが大であり，将来的には，その活動の継承あるいは新たな展開を図っていくことがテーマである。

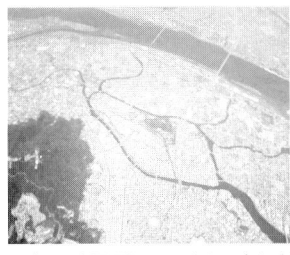

写真-1　新町川のひょうたん島と市民による河川清掃，河畔の花壇の育成

写真-2　新町川を守る会が運航する船による市内遊覧

写真-3　障害者も乗船

4．水辺からの都市再生の事例—日本と世界の先進的あるいは萌芽的事例—

写真-4　川での各種イベントの風景（イベントの日常化）

写真-5　河畔のボードウォーク，広場，リバーウォーク

　川と沿川のまちの再生が形としても表われてきた事例である。市民団体の活動を知ることも含めて，現地を訪れる価値のある事例である。
②　京都市・堀川
　内閣府の都市再生プロジェクトの指定も受けている事例である。
　現在はプロジェクトの内容が固まり，その実施に取り組む段階にあるものである。

第Ⅱ章 水辺からの都市再生を考える

写真-6 現在の堀川の風景

写真-7 整備のイメージ（いくつかのパース図）

約1200年前，平安京造営時に開削された運河で，幾多の時代を経て，現在は合流式下水道の雨天時の排水路となっている水路（普段の日には水がまったく流れていない）を，水を導水して水流を復活させ，散策ができるリバーウォーク（散策路，スロープ），広場を整備するとともに緑（植生）を保全・創出することにより，都市の軸となる空間として再生しようとしている。

行政（京都市）が主体的で，市民参加で計画づくりを進めてきた事例である。

③ 名古屋市・堀川

1610年の名古屋城築城にあわせて福島正則により開削された水路であり，昭和になって都市化の進展とともに水質が悪化し，建物も川に背を向けるようになり，市民に忘れられた存在となっていた。

川を生かした都市再生を目指した河川事業（マイタウン・マイリバーと呼ばれるもので，1988年に第1号の指定を受けた）として，構想を策定し，河畔の空間整備に着手している事例である。空間整備とともに，河川や下水道部局を中心に，堀川

写真-8　堀川で河畔が整備された地区の風景

第Ⅱ章 水辺からの都市再生を考える

写真-9 堀川でのオープンカフェの風景

写真-10 堀川の舟運の風景

の河川水質改善も精力的に進められている(清流ルネッサンスと呼ばれるプロジェクト)。かつてBODが50 ppmを超えていた水質は,現在6〜7 ppm程度にまで改善されている。

行政(名古屋市と愛知県)が主体で,徐々に市民参加が始まっている。整備された河畔での賑わいの創出等が課題で,オープンカフェ等,その模索が始まっている。

④ 東京・隅田川,神田川

江戸時代以降,首都を貫流し,大川と呼ばれて市民に親しまれてきた河川である。

明治時代以降は,都市化により必要となった水を供給するための地下水の汲上げや天然ガスの採取による地盤沈下の進行,それに対応するための高潮災害防止の観点から切り立ったコンクリート堤防(カミソリ堤防あるいはパラペット堤防とも呼ばれる)の設置による川とまちとの分断,河川水質の悪化等,典型的な問題をかかえる低地の都市河川となった。

写真-11 川の中に設けられたリバーウォークを中心とした隅田川河畔の風景

第Ⅱ章 水辺からの都市再生を考える

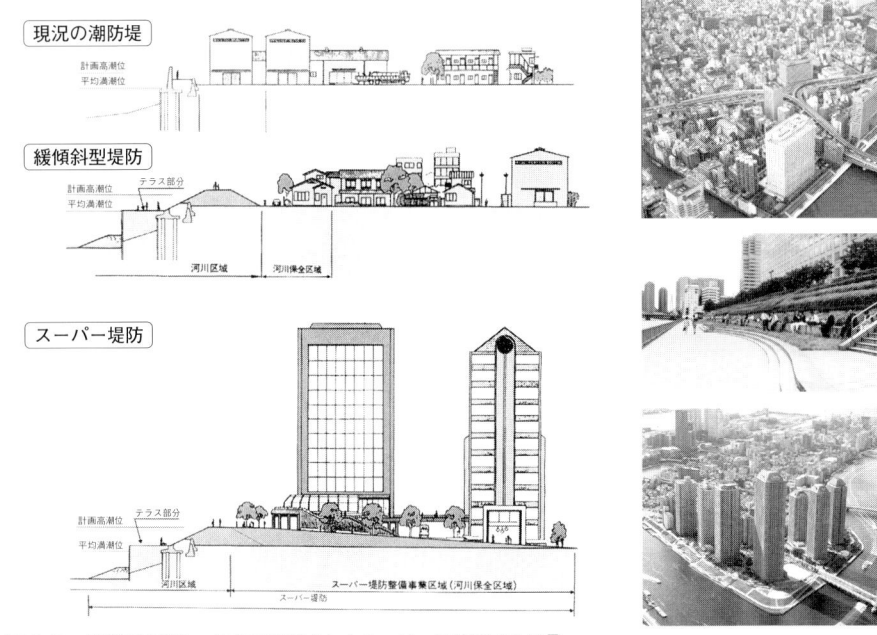

写真-12 河畔の建築と一体的に整備されたスーパー堤防地区の風景

　悪臭を放ってどす黒い水が流れる川であったが，各種の汚濁型の工場の移転や水質改善対策（排水規制，下水道の整備，浄化用水の導入等）により河川の水質が改善されてきた。
　河川空間についても，1990年頃から，パラペット堤防を耐震補強の面から川の中側を緩傾斜化し，あるいは堤内地側（人の住む側）での市街地再開発とともにスーパー堤防化（人の住む側の土地を盛土してその上に良好な建築物等を設けるもので，スーパー堤防事業と呼ばれている）して，その前面の川の中にリバーウォークを整備して植栽することにより河川空間の再生を図ってきた。これらの事業は，経済のバブルといわれた1990年前後には，税収の増加を背景として都の財政状況がよかったこと，都市再生が大きく進展したこともあり，比較的よく進んだ時期があった。
　スーパー堤防整備は，堤内地の都市更新（工場や事業所の跡地の再開発等）とともに行われる事業で，その性格からして急激には進まないが，徐々に整備箇所の数は増えており，いくつかの良好な水辺の都市がスポット的にできあがってきている。
　行政がリードし，民間企業の参加による再生事例であるが，市民参加，賑わいの

4．水辺からの都市再生の事例―日本と世界の先進的あるいは萌芽的事例―

写真-13　隅田川河畔の賑わいに関わる風景（舟運，オープンカフェ等）

写真-14　東京都内のその他の河川の事例（日本橋川の沿川の再開発地区）

91

再生が模索されている。

隅田川に流入する川として，典型的な都心を流れる川である神田川と，その派川の日本橋川がある。この神田川・日本橋川については，内閣府の都市再生プロジェクトとして再生構想の策定が位置づけられ，その作業が進められている。

⑤ 大阪・道頓堀川

水の都大阪での水辺の再生事業である。このプロジェクトは，内閣府の都市再生プロジェクトのひとつとして位置づけられている。

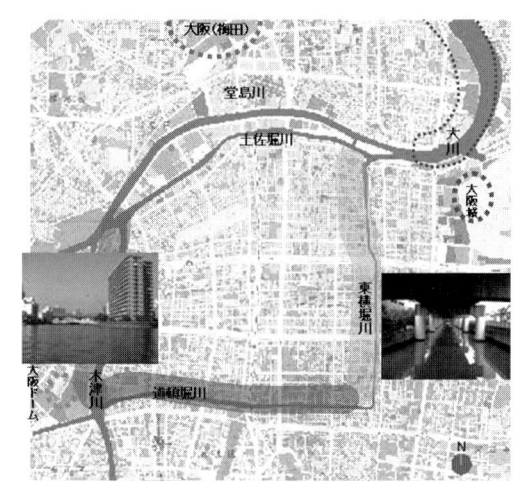

写真-15 水の都大阪の水路ネットワークと水辺の風景

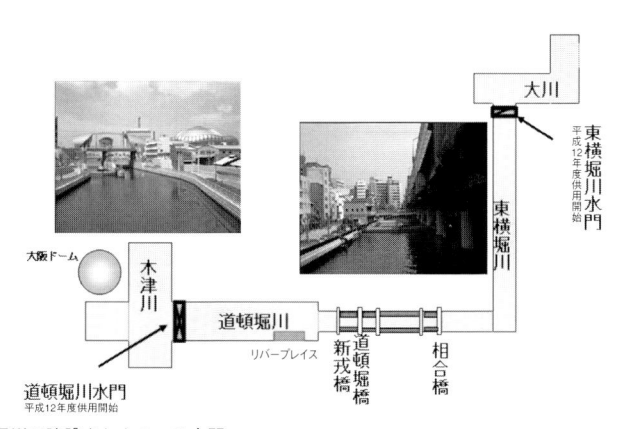

写真-16 道頓堀川に建設された2つの水門

水門の建設により高潮対策と水位の維持を行うとともに，道頓堀川の両岸の川の中に遊歩道の整備を進めている。

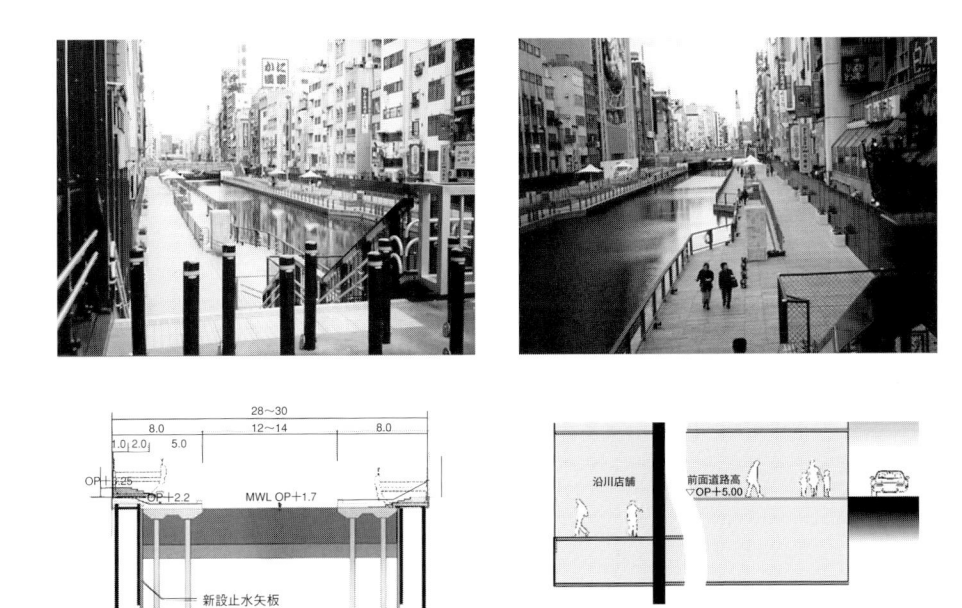

写真-17 道頓堀川の河畔の遊歩道の構造と整備後の風景

図-1 道頓堀川の利用イメージのパース（占用に関わる規制緩和）

第Ⅱ章　水辺からの都市再生を考える

写真-18　道頓堀川で整備された場所の風景(左2枚：道頓堀橋付近，右3枚：リバープレイス)

⑥　東京・渋谷川

　渋谷川は，その上流はかつて「春の小川」としても歌われた川であるが，現在はJR渋谷駅より上流は暗渠化している。その下流は典型的な丘陵地の都市河川となっている。

　その川を再生しようという市民活動が始まっている(NPO渋谷川ルネッサンス

等)。その活動として,イベント・パフォーマンス的なもの(より自然を感じられるように,溶岩で護岸パネルを設置等),まちづくりの現場への参加,世界都市河川ルネッサンス会議の開催等を行っている。また,打ち水による春の小川の瞬時的な再生や,流域の住民,学生,企業ネットワークづくりなどを進めている。そして,現実に川の蓋を開けることを目指している。

慶應大学大学院(石川幹子研究室)の学生等により再生ビジョンの提示も行われている。

この川の再生も,内閣府の都市再生プロジェクトのひとつとなっている。

写真-19 暗渠化され,その上が道路となっている渋谷川の上流の風景

写真-20 JR渋谷駅下流の渋谷川の風景

写真-21　渋谷川下流（古川）の高速道路に占有された風景

⑦　石川県七尾市・御祓川

　マリンシティ構想に基づく民間交流施設（フィッシャーマンズワーフ（市場））の整備などによる港からの都市再生が始まった。そして，駅前と港を結ぶ軸として，賑わいのある道路（シンボルロード）の整備が計画され，それと並行する御祓川については，民間主体の再生活動が始められた。株式会社御祓川によるヒト，ミセ，マチ

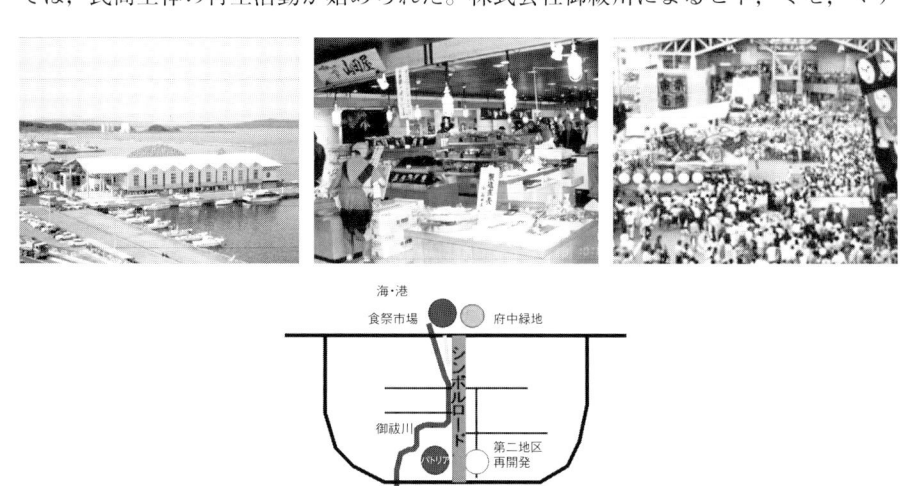

写真-22　港の集客施設の風景と2つの集客施設（駅と港）を結ぶ道路と河川の概念図

の関係の再生，川沿いの風景の創出への取組みが進められている。川の掃除と川遊び，源流探検等のイベントの実施，河川浄化活動等を行っている。河畔でアンテナショップ等も持ち，経済の面も含めた川と都市再生への取組みが行われている。

まちづくりの2つのタイプとして，まちづくり会社型とワークショップ型があるといわれるが，ここでは，株式会社御祓川というはっきりした主体で，自己責任で，投資が伴い，スピード感があり，事業展開がダイナミックで，リスクが大きい前者のタイプでの市民主体の活動が進められてきている。当初は，マリンシティ構想運動のメンバー8人が資本金5 000万円でこの株式会社を設立し，活動を進めてきた。

写真-23　御祓川沿いに株式会社御祓川がもつ寄合処

(2) すでに形となってきている事例(3事例)

都市の川として，その再生が実際に進んでいる川として，次の3つの河川があげられる。

① 北九州市・紫川

日本における富国強兵の富国のシンボルともいえる八幡製鉄所等の工業化により，北九州市の洞海湾は汚染され，死の海となっていた。その海の再生が進められた。

そして，北九州市の中心地小倉を流れる紫川の浄化と都市のシンボルとしての河

第Ⅱ章 水辺からの都市再生を考える

写真-24 紫川の河畔の風景

写真-25 紫川に顔を向けたホテル，建物

川とその周辺の再生・整備が進められた。前述の名古屋市の堀川と同様に、マイタウン・マイリバー事業として進められた。この事業は大きく進み、川を生かした都市再生が形となってきている。河畔に公開空地と遊歩道が設けられ、植栽もなされて、川に面したホテル等も見られるようになっている。橋も数多く整備されている。

このマイタウン・マイリバーに係る事業費は約3 600億円（公共約1 000億円、民間約2 600億円）で計画され、公共約85％、民間約47％程度の進捗（2003年度末）とされている。

② 広島市・太田川

広島は、原子爆弾により徹底的に破壊された。そして、戦災復興計画で、多数ある太田川の派川の河畔に緑地と歩道を配置するという構想をもち、その構想に近い形で戦災復興が行われた。河畔には緑地と遊歩道が設けられた。その後、河岸の護岸整備についても、比較的景観にも考慮した整備が行われている。これらのことから、都市の骨格としての河川があり、水の都ともいえるまちとなっている。

写真-26　太田川の河畔の風景

写真-27　太田川河畔の通路と植栽

③ 京都市・鴨川

日本の古都、京都の鴨川は、河畔の利用や川への人の思いを反映しつつ整備が行われてきた。鴨川は、広々とした河川空間と河川の構造、川の中の散策路、河畔の

第Ⅱ章 水辺からの都市再生を考える

写真-28 鴨川の風景

写真-29 鴨川河畔のまちと川の風景

植栽等から，都市の軸となる空間になっている。

鴨川は，都市の骨格を形作る景観のよい河川となっている。

2 ── アジア，欧米の事例

アジアや欧米からの都市再生についても見ておきたい。

その事例の多くは，「水辺・流域再生にかかわる国際フォーラム(2005.1)」(リバーフロント整備センター主催，2005年1月)で詳細な報告をいただいたものである。

(1) アジアの事例
① 韓国・ソウルの清渓川再生から都市再生

世界でも注目される川の再生を核とした都市再生が進められて，2003年より始まった清渓川の再生事業は，韓国最大の河川再生と都市再開発事業である。

清渓川再生事業の目的は，大きくは次の2つであり，1つは，川の流れに沿って

写真-30　完成後のイメージ

西から東に続く緑地帯の形成および市民へのアクセス可能な開かれた水路の提供である。あと1つは，清渓川の再生により地域経済に恩恵をもたらすこと，ソウル市の南北の交通を確保すること，そして周辺環境の回復を目指すことであるとされている。

この事業は，全長で5.8kmの区間において，高架高速道路の解体，覆蓋構造物の撤去，水路の整備，21の橋の架橋，2～3車線の道路建設を行うものであり，総事業費は1億2000万ドルと試算されている。

この再生事業は2005年9月までに完了する予定であり，韓国人，特にソウル市の都市部の住民は川沿いの散策を楽しみにしているという。

② 上海・蘇州河の再生

上海発祥の川である蘇州河は，都市化の進展とともに汚染された。この川の水質の改善とともに河畔の再生を行う事業が，上海市長のリーダーシップの下に進められている。

水質の改善（流入汚水のバイパスと汚水処理，低水流量の増大，曝気，底泥の浚渫と処理等）を重点とし，河畔の再生（緑地，歩行径路の整備）を行う第一期事業が完了した。今後さらに，支川および上流の汚水処理，低水流量の増大，河畔の再生と沿川開発を目指した第二期事業，その継続プロジェクトとしての第三期事業が予定されている。

写真-31 大都市上海の風景

写真-32　蘇州河の風景

　蘇州江とその河畔の再生への取組みは，世界で最も活力のある発展をしている大都市上海の象徴的な事業である。
③　シンガポール・シンガポール川の再生
　シンガポールのシンガポール川は，1970年代には水質が汚染され，水生生物の生息が不可能なまでになった。その川の水質浄化がリー・クアン・ユー前首相の強力なリーダーシップの下に1978年から始まり，政府および関連機関がさまざまな対策を実施し，10年をかけて1987年に浄化が完了した。現在では臭気に悩まされることもなくなり，レクリエーションでの利用が進められている。
　都市再開発部局は河川を複合的に利用する再開発計画を策定し，関係行政組織の努力の下で川へのアクセスと河畔の歩行径路等が整備され，民間企業によりビル建設が進んだ。ここでは，河畔のスカイラインの規制，すなわち川の近くは低層の建物とする高さ規制を行い，開放感のある河畔空間を確保している。

第Ⅱ章　水辺からの都市再生を考える

写真-33　シンガポール川の風景（約10年前）

　シンガポール川の沿川地域（約100 ha）は，活気ある複合オフィス，ホテル，商店街，ウォーターフロント住宅，先端技術施設等となり，文化遺産的な建物と近代高層ビル群が調和した都市となるよう景観にも配慮されている。近い将来，さらなる複合の新事業の完成も予定されている。
　川からの都市再生のシンガポールモデル（土地を国有化して美しい国土を作る方式）ともいえる先進事例である。

(2)　欧米の事例
①　マージ川流域の経済の再興と水系の再生
　産業革命発祥の地，マンチェスターやリバプールを流れるマージ川は，産業革命以降，汚染され続けてきた河川であった。そして，近年衰えた地域の経済の再興と水系の再生が課題となっていた。1970～1980年代でも，マージ川は西欧で最も汚染された河川のひとつであった。
　この川では，流域連携による流域再生が行われてきた。マージ川流域キャンペー

4．水辺からの都市再生の事例―日本と世界の先進的あるいは萌芽的事例―

写真-34　最近のシンガポール川と河畔の風景

ン（campaign）は，1985年より始まった25年間継続する活動である。政府の呼びかけで始められたイギリス北西部に位置する河川，運河，河口の浄化と再生活動であり，行政，市民，企業が連携して進められている。そこでは，流域アプローチが，河川流域の徹底的かつ総合的な修復を強力に進める観点から採用された。

マージ川流域キャンペーンは，マージ川とその北のリッブル川を含み，主要都市であるマンチェスター市とリバプール市，プレストン市を含む活動であり，その目的は次の3つであるとしている。

- 流域における水質向上。それによりすべての河川で魚類等の水生生物が活動可能な状態とする。
- ビジネス，レクリエーション，居住，観光，歴史的遺産，野生生物にとり，魅力的な水辺環境の開発を促進する。

第Ⅱ章 水辺からの都市再生を考える

写真-35 マージ川流域と河口，水路の風景

写真-36 マージ川河畔の近年の風景

・流域において生活し，働く人々にとり価値のある水路およびウォーターフロント環境にする。

これらの基本的な目標の達成に向けての鍵は，連携（パートナーシップ）であるとしている。流域の再生に向けて，公共，民間企業，およびボランティアレベルでの個人および組織の連携が行われている。

② ボストンの水辺の再生（チャールズ川，マディー川，ボストン湾：水辺と水域再生）

ボストンでは，一度汚染された水辺の再生に取り組んできた。チャールズ川の右

4．水辺からの都市再生の事例―日本と世界の先進的あるいは萌芽的事例―

写真-37　ボストンの風景（高架の高速道路の地下化前）

写真-38　高速道路の地下化（上2枚：撤去と地下化の工事中の写真，下2枚：左は地下化前の写真，右は地下化後のイメージ写真）

岸のバックベイと呼ばれる河畔の再生と，そのすぐ上流で合流するマディー川の再生である．再生されたマディー川と河畔の緑と歩道等は，エメラルドネックレスと呼ばれる水と緑の軸を形成している．

近年では，ボストン湾のウォーターフロントの再開発，ボストン湾の水質の改善（合流式下水道の雨天時の水も含めた水質の高度処理とボストン湾外のマサチューセッツ湾への排水），さらにはまち中とウォーターフロントとを分断する形の障害物であった高架の高速道路（セントラルアーテリー）の撤去と地下化（通称BIG DIG）にまで至っている．

水辺からの都市再生が長い期間をかけて進められてきた都市である．

③ チェサピーク湾と流域再生

チェサピーク湾は世界第2位の大きさの入り江（estuary）であり，その流域面積は約10万 km^2 である．流域内には首都ワシントンDCと6州があり，1,500万人以上が居住している．

100年以上前からチェサピーク湾の環境は緩やかに，しかし確実に悪化してきた．同時に生態系が変化し，天然種の牡蠣が大打撃を受けている．

このため，流域内のメリーランド州等関係各州，ワシントンDCおよび連邦政府が連携し，チェサピーク湾の再生に取り組んでいる．

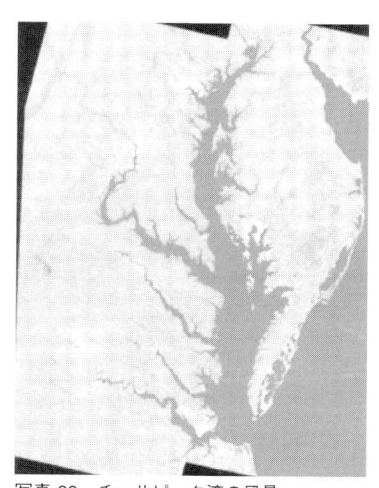

写真-39 チェサピーク湾の風景

水辺からの都市再生について，日本国内の10事例を紹介するとともに，アジアや欧米の6事例を紹介した．これらの実践事例から，これからの水辺からの都市再生，自然共生型流域圏・都市の再生という面で，学ぶべきことも多いと思われる．

このような都市に関わる河川や水辺の再生，さらにそれらを核とした都市再生について，国内や世界での情報交換，人的交流を行うネットワークの構築が検討されてよい．この報告は，そのような試みへの第一歩でもあると考えている．

参考文献

1) リバーフロント整備センター：水辺からの都市再生ワークショップ―自然共生型流域圏・都市再生，ワークショップ資料，2004.12
2) 吉川勝秀：人・川・大地と環境，技報堂出版，2004
3) 吉川勝秀：川からの都市再生，CEL 特集「水」で蘇る都市，CEL71号，pp.36-41，大阪ガスエネルギー・文化研究所，2004.12
4) リバーフロント整備センター：水辺・流域再生にかかわる国際フォーラム(2005.1)資料，2005.1
5) 吉川勝秀：河川流域環境学，技報堂出版，2005
6) 石川幹子・岸　由二・吉川勝秀編：流域圏プランニングの時代，技報堂出版，2005
7) 自然と共生した流域圏・都市の再生ワークショップ実行委員会編著：自然と共生した流域圏・都市の再生，山海堂，2005

第III章

清渓川再生に関連した講演記録から

1. 清渓川復元工事モニタリングについて

韓国水資源持続的確保技術開発事業団・首席研究員　金　翰泰

（1）　開発事業団の設立

韓国水資源持続的確保技術開発事業団は2001年に設立されました。韓国では水不足が心配されており，2010年には年間18億m^3の水が不足すると予測され，その対策を検討するために事業団ができました。事業団では約22の研究プロジェクトを進めており，そのなかのひとつが清渓川のモニタリングと解析です。私は現在22の研究プロジェクトの管理と企画を行っており，その中から清渓川のモニタリングについてお話しします。

（2）　研究内容と推進体系

清渓川の現状は，写真-1に示すように，河床は砂で，水がそのまま地下に浸透してしまいます。復元工事が終われば，復元完成イメージのような光景になると期待

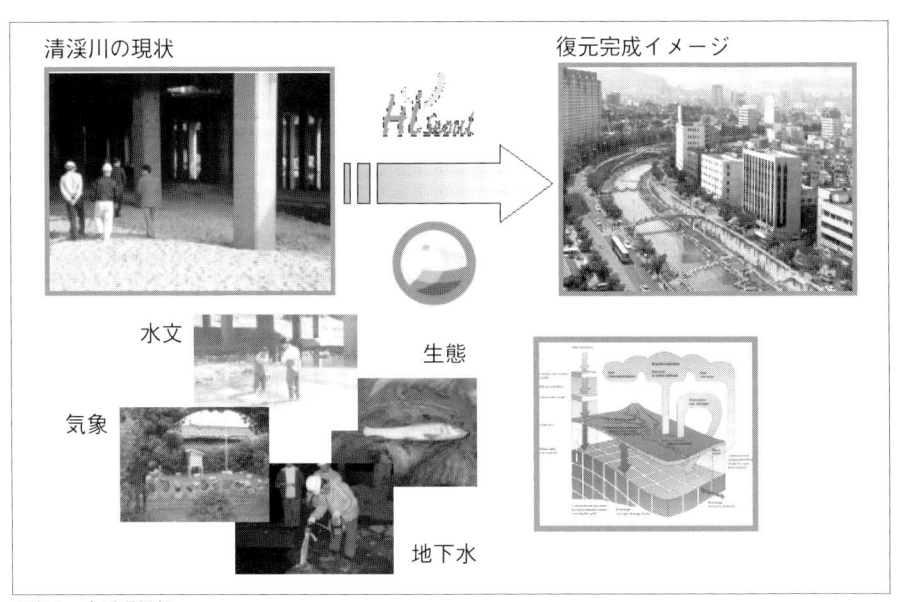

写真-1　水循環解析

しています。これに対して，この研究では水文や気象や地下水，あるいは生態系に対するモニタリングとそれに対する解析，分析などを，図-1に示すような4つの分野に分けて実施しています。

水文は，水文分析とリアルタイムモニタリングをつくりシステム化するものと，水循環解析を入れて，それを正常化する方法の評価とを行っています。気象

・水文
　― 清渓川流域の水文分析及びリアルタイムモニタリングの計画
　― 清渓川流域の水循環解析及び正常化方案の評価
・気象
　― 清渓川周辺地域の気象モニタリングシステムの構築
　― 清渓川復元に従う熱環境改善効果の解析
・水質及び生態系
　― 清渓川水質及び生態モニタリング及び総合評価
・地下水
　― 清渓川流域の地下水位及び水質モニタリング
　― 溪川流域の3次元地下水流れの解析

図-1　各分野別の研究目標

は，ヒートアイランドをモニタリングしシステムを構成する方法と，ヒートアイランドを解析して改善するための方法を探っています。水質と生態系は，モニタリングして，その結果の評価方法について検討しています。最後に地下水の解析ですが，これが最も難しく，心配している分野です。理由は，清渓川の下に地下鉄が走っており，清渓川は人工的に造られた河川であることから，その下に漏水対策を施しても，もし地下鉄に水が漏水すると安全性に問題が起きるためで，現在，解析を行っ

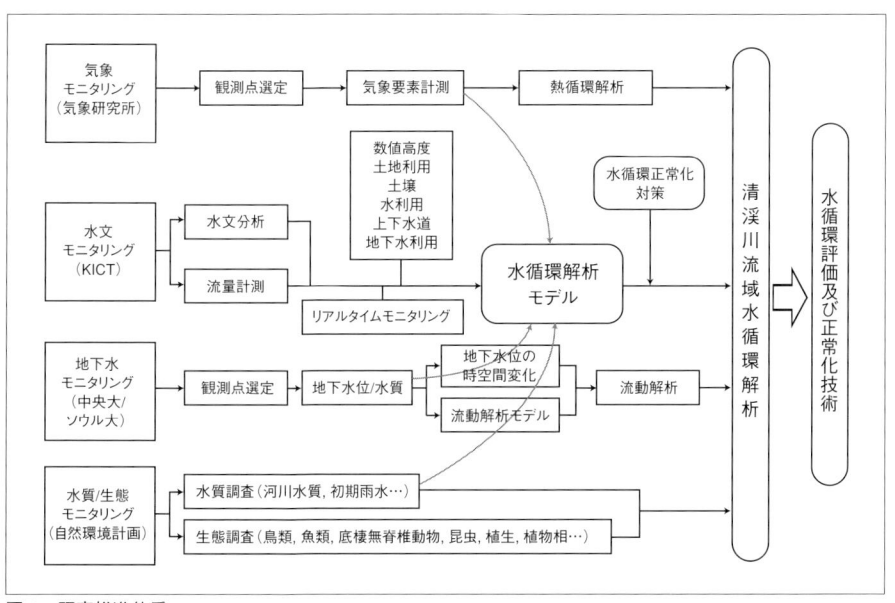

図-2　研究推進体系

ています。

モニタリング研究は，4つのグループが図のような仕組みで行っています。それぞれに研究が進んでいますが，重要なのは中央の水循環解析のモデルです。これが一番のキーポイントになると思います。それぞれの研究から得られたいろいろな資料を水循環モデルに入れて解析します。そこで，浸透トレンチや雨水の貯留などさまざまなことを解析に入れて，もう一度モデルを走らせ，その対策が正しいか，もう少し改良の方法がないかなどを探ります。

(3) 水文モニタリングおよび水循環分析

水文のモニタリングと水循環の解析は，2つのチームに分かれて行います。まずモニタリングは，別のチームとリアルタイムのモニタリングシステムをつくるために行っています。しかし，清渓川の水位や流量の調査実績の資料がまったくないため，難しい問題になっています。もう一つは水循環の解析です。まず，SWATというアメリカのモデルと，WEPという東大の先生が開発し，今は(独)土木研究所（PWRI）がアップグレードして行っているモデルです。この2つのモデルを使って

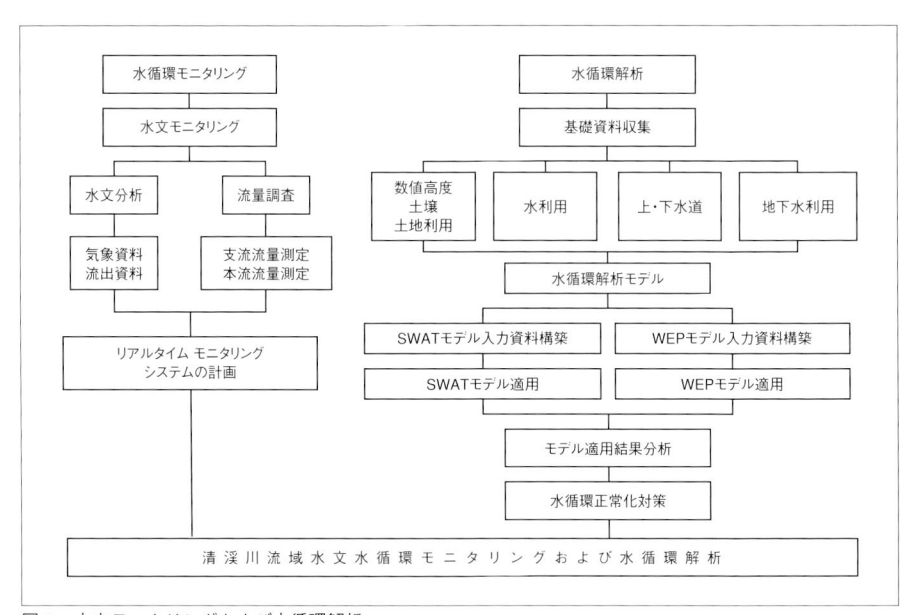

図-3　水文モニタリングおよび水循環解析

行っています。モニタリングと水循環解析の2つのチームで行い，これをうまくあわせて水循環解析とモニタリングのシステムをつくります。それが研究のキーポイントです。

(4) 清渓川流域の現況

写真-2は，清渓川の流域面積，延長，河床勾配がよくわかる空中写真です。周辺の資料がほとんどないことが，この研究で一番つらいことでした。その理由は，清渓川の蓋を開けるという発想がなかったからです。

図-4は流域の地形を示した図，図-5が土壌図，図-6が土地利用です。清渓川流域も，都市化が80％を超えてしまった地域です。

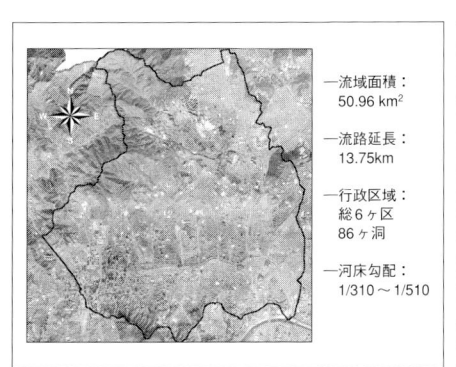

写真-2 流域の概要

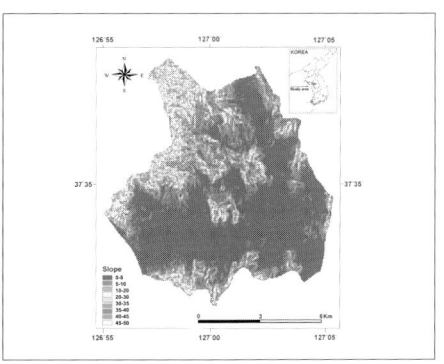

─流域面積：50.96 km^2
─流路延長：13.75km
─行政区域：総6ヶ区 86ヶ洞
─河床勾配：1/310～1/510

図-4 流域の地形

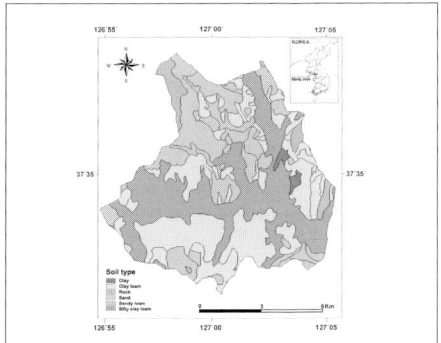

図-5 流域の土壌

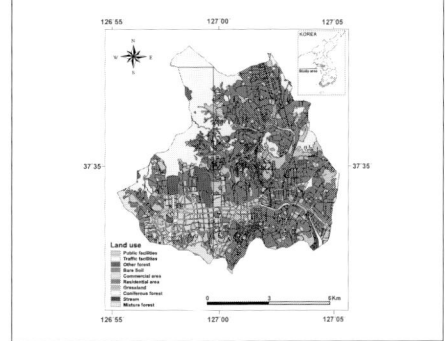

図-6 流域の土地利用

（5） 水文モニタリング

　水位については，貞陵川（チョンヌンチョン）という清渓川の支流があり，支流の最下流部と，貞陵川が清渓川と合流した地点の2か所で水位を測定しています。気象関連は，AWSとともに5か所で測定し，ヒートアイランドの現象を探っています。雨量は10か所で測定しています。渇水量の測定は8か所で行っています。図-7は測定地点を示しています。

　清渓川は，城北川（ソンボクチョン）と貞陵川という支流と合流し，中浪川（チョンニャンチョン）が一番で下流で合流し，これが漢川（ハンガン）に流れるという流域です。

　図-8は水位を測定した地点を示します。グラフがよくないのですが，その理由は，過去に測定していなかったこと，その資料が正確でないこと，ほとんどの機械が壊れて正確な資料が得られなかったためです。このような点も解決すべき課題です。

　支流城北川の上流では，いろいろな生態系がうまく成立しています。一番大きな支流の貞陵川も，上流では生態系がうまくいっていますが，下流にいくにつれ水質が悪くなり，生態系も悪くなります。図-8はキーポイントになるグラフですが，馬場橋（マジャンギョ）が清渓川下流です。それで，9月に雨が少しだけ降って高水が終わった後には，結構ディスチャージが多いのです。そのため，雨が少ないと流量が減少し，やがてなくなります。あるだけの資料を用いこの研究をしました。

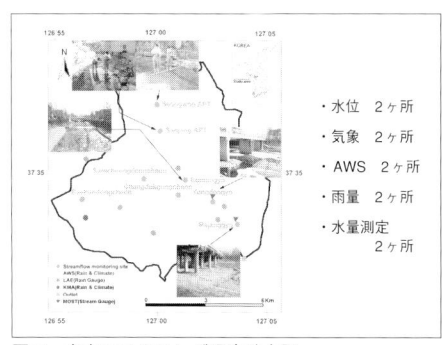

図-7　水文モニタリング調査地点図

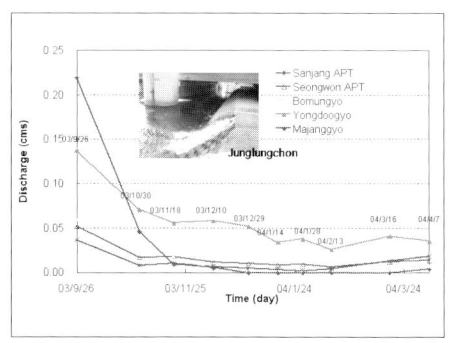

図-9　渇水量測定結果

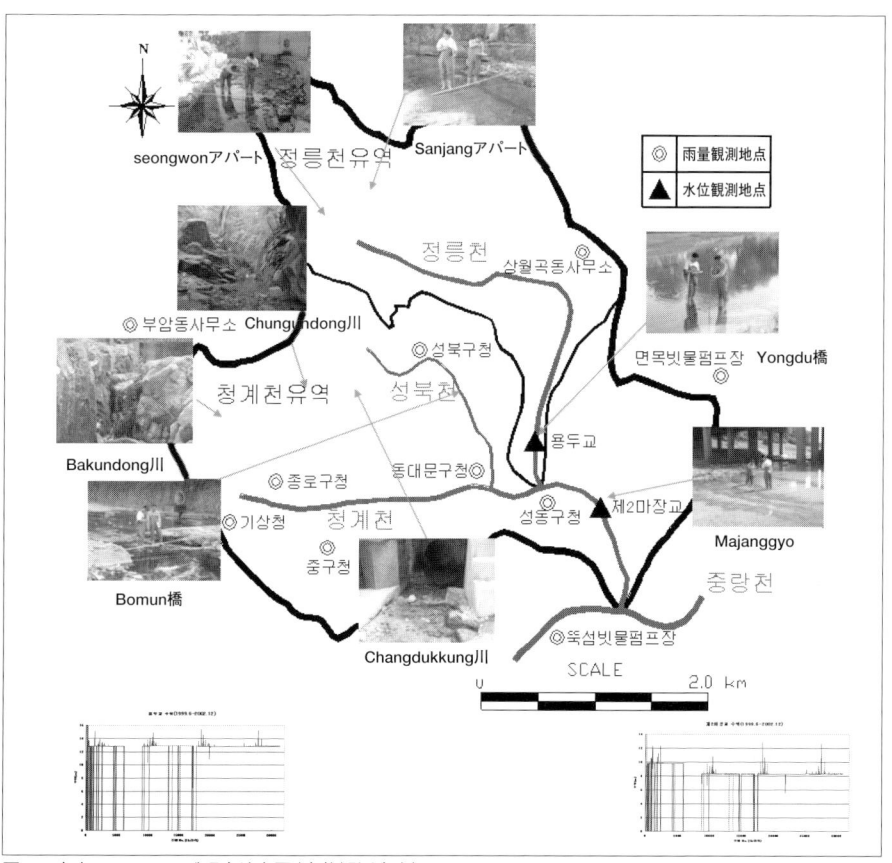

1．清渓川復元工事モニタリングについて

図-8　水文モニタリング調査地点図（水位観測定点）

（6）　水循環解析

水循環の解析は，一般的な方程式を使った資料，またはアメリカのSWATモデルや日本のWEPモデルを用いて行います。

①　観測資料を利用した方法

まず，実際の資料を用いて年間の水のバランスをとっておりました。1 388 mmの雨が降り，流域から3 575 mmの上水，水路が流入する。それとエバポレーションという蒸発は231 mmぐらいであって，この地域では地下水を95 mmぐらい揚げています。ここから清渓川に流される量は少なくて606 mmぐらい，下水から流される量は4 192 mmぐらいです。

117

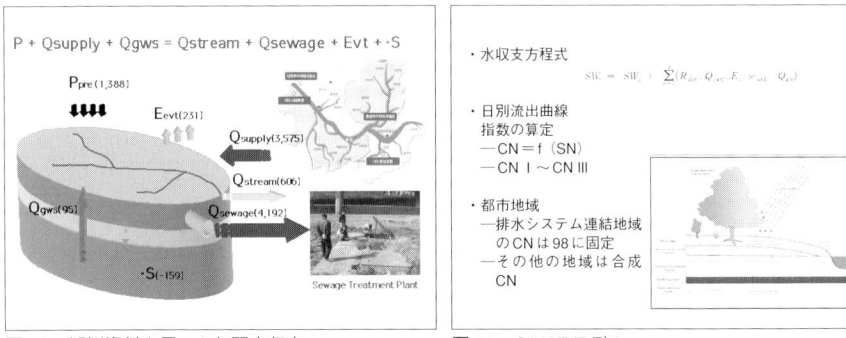

図-10 観測資料を用いた年間水収支

図-11 SWATモデル

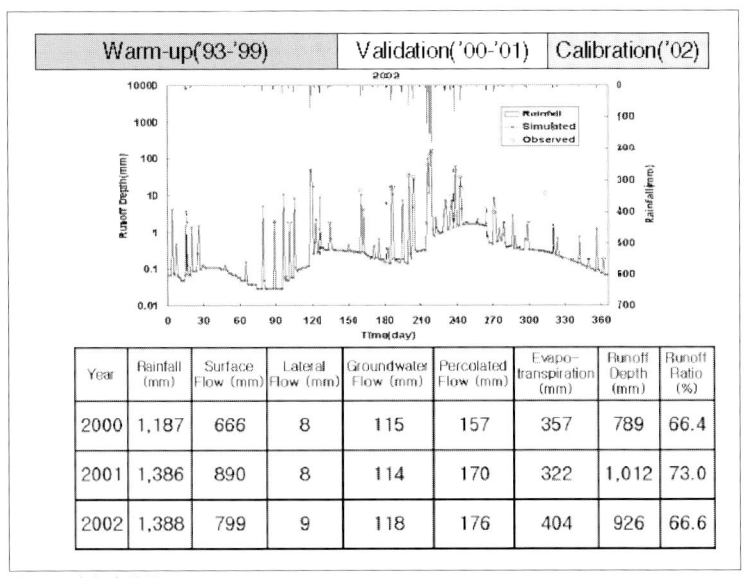

図-12 水収支結果

② SWATモデル

アメリカSWATモデルを用いた解析では，このような結果になりました。一応ウォームアップ期間があって，バリデーションやキャリブレーションも行いました。2002年のそれを用いると，やはり1,388mmぐらいの雨が降り，表流水は799ぐらい，地下水が118mmぐらいで，流失率は66.6％という結果になりました。

1. 清渓川復元工事モニタリングについて

③ WEP モデル

　PWRI からもらった WEP モデルを用いて水循環を解析しました。実は私もこのモデルを研究したのですが，大変よくできたモデルです。この方法を用いて現在研究を行っています。重要な都市の熱循環が解析できる点が非常に優れていると思います。現在，PWRI でそれを適用した結果が出ていますので，それを見て下さい。

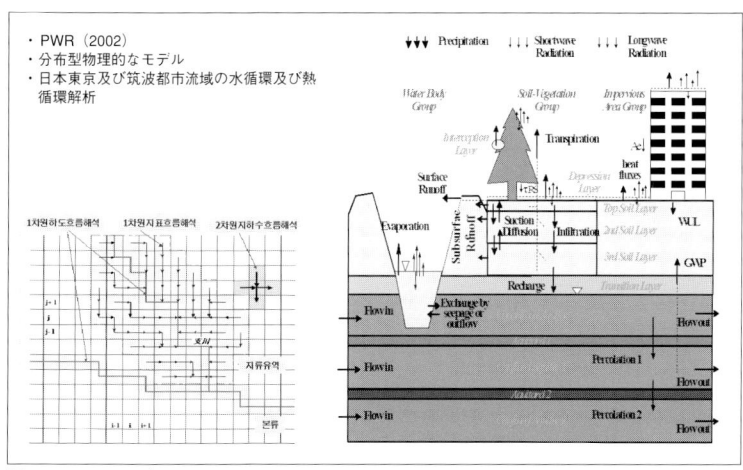

図-13　WEP モデル

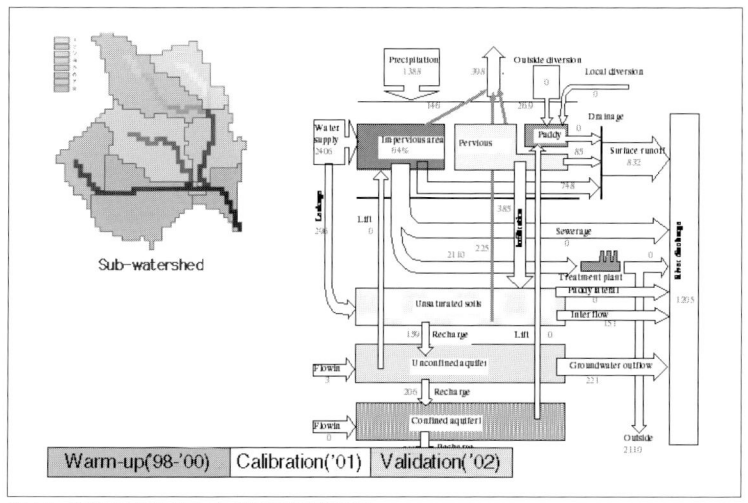

図-14　WEP モデルによる水収支結果（2002）

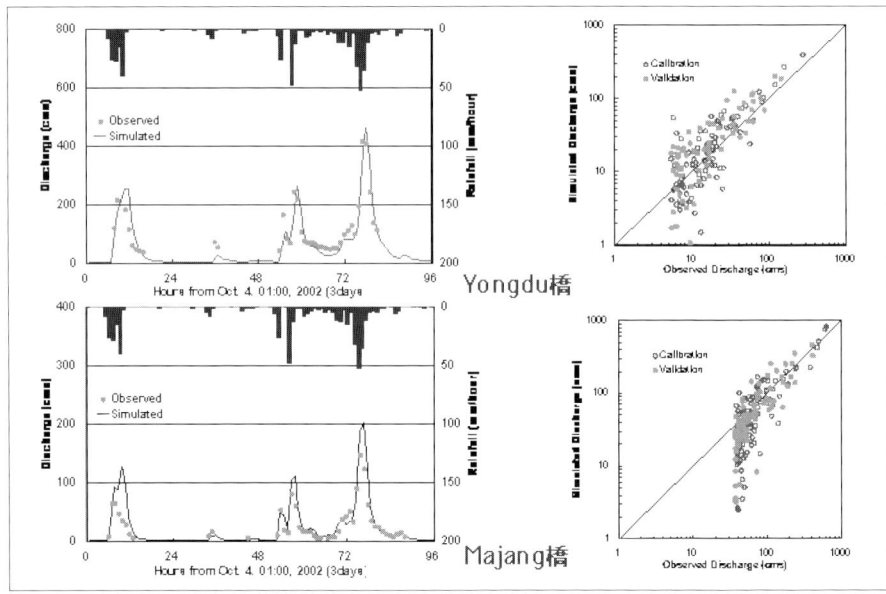

図-15　河川流出量の模擬結果

この方法を用いて水循環を解析した結果ですが，やはり先ほどの実際の観測資料を用いた研究より流失量が少し大きくなりました。これも資料による誤差ではないかと思います。3年間でこの研究が終われば，どの方法が一番正しいか結果が出るかもしれません。

個人的には，PWRIしたWEPモデルが最も正確な結果が出ると考えています。実際の値とシミュレーションした計算の値を比較すると，結構あうからです。もしかすると，韓国で代表的な水循環のモデルとして使えるのではないかとも考えています。

現在，ソウル特別市が考えているのは維持流量についてです。清渓川の水流を維持する流量は1.4 CMS。それを通して，WEPモデルを用いて解析したり，清渓川の一番下流に架ける馬場橋の下流で流量をシミュレーションした結果，これが

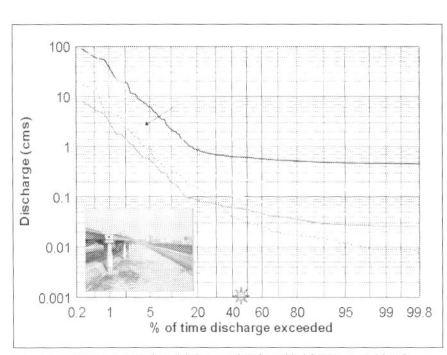

図-16　WEPモデル結果と清渓川維持流量の比較

ディスチャージの維持流量ですが，365日の10％ぐらい，つまり約36日がこの維持流量を上まわっていました。ほとんどはこの流量以下ですから，やはり自然の流量だけではこの維持流量を保てないことになります。たぶん，これが最もポイントになる資料です。維持流量を増やしたり減らしたりしてどのような現象が起きるか，維持流量をほかの方法で行うということはないか，例えば浸透トレンチで貯留したり，いろいろな池を整備して対策をとればどのような影響があるか，このモデルを用いてもう一度行いたいと思います。

(7) 結論

清渓川流域のモニタリングシステムを検討した結果，渇水期にも上流からいろいろな流入があったのが最も意味あることでした。2つ目は観測資料を利用して分析した結果，資料の補完や改善をすべきだということが結論として出ました。モデルを通してWEPとSWATを用いて分析しましたが，まだ最初の段階で，もう少し時間があれば十分な解析ができることを学びました。また水循環の解析は，やはりこのモデルを用いて対策を考え，確実に活用するときにはインプットデータのそれが一番重要であることを理解しました。

流域の水循環研究のためには，その方法を確定することが研究のポイントになります。詳しくは，2004年10月頃，1年間の研究結果が報告書にまとまる予定なのでそちらを参照して下さい。

- 清渓川流域の水文モニタリングシステムを検討して水文分析を遂行しつつ，渇水期の上流流入量を計測した。
- 観測資料を利用した水収支分析：年間水収支の把握ができるが，資料の補完と程度が改善されるべきである。
- 分布型であるSWATとWEPを利用した水収支分析：流域水循環を評価する道具として適切で，資料の拡充とモデルの適用に多くの時間と努力が必要だ。
- 分布型モデルの適用は流域水循環の解析に効率的な道具として活用することができ，モデルの媒介変数に対する的確な理解が必要。
- 都市流域の水循環解析研究のための方法論の定立が必要で，河川復元計画の樹立及び維持管理技法に寄付。

図-17 結果(水文)

2．日本と韓国の交流について

アジア土木学会協会連合協議会（ACECC）会長　金　光鎰
（現同協議会名誉顧問，日本土木学会フェロー会員）

　これまでの韓日間の建設土木分野などにおける交流の発展のひとつとして，「水辺からの都市再生」が必要であることをお話しします。

　2004年7月15日に開催された「水辺からの都市再生」シンポジウムには800名以上という大勢の方に来て頂き，関心を寄せて頂きました。2003年の秋に三浦裕二氏よりこのシンポジウムのお誘いを受けたときから，「水辺からの都市再生」シンポジウムとリバーフロント整備センターで開催した講演会をきっかけにして，東京都とソウル市が互いに協力し，また国土交通省と韓国建設交通部が互いにより緊密に協力できると思っておりましたので，その一端をこれからお話しします。

(1)　日本との出会い

　私と日本との出会いは，1968（昭和43）年に浦項製鉄所を建設していた頃，日本の製鉄所で技術研修を受けるために訪日した際，多くの土木技術者の方々の知遇を得たことが始まりです。そして1987年，私が大韓土木学会理事を務めてからは，韓日土木学会を通じた交流も深めて参りました。さらに大韓土木学会会長，韓日文化協会副会長，アジア土木学協会連合協議会会長として，韓国国内の土木技術発展のみならず，土木技術を通して新しい韓日関係を構築すべく今日まで努力している次第です。

(2)　水辺からの都市再生を考えるきっかけ

　2002年1月19日，「水辺からの都市再生」シンポジウムを主催した都市環境研究会の三浦裕二日本大学名誉教授の月例会において，国土交通省国土総合技術政策技術研究所（現・リバーフロント整備センター技術普及部長）の吉川環境部長が自然共生型流域圏の都市再生について講演されたことが始まりです。私はそのとき，ソウル特別市を含めて韓国建設交通部にも必ずこの情報を知らせるべきだと考えて帰国しました。当時，私は，アジア土木学協会連合協議会の会長を務めており，日本の

写真-1　2002年1月19日　シンポジウム水辺からの都市再生

写真-2　2002年5月11日　韓国建設交通部水資源局での講演

動向を韓国の専門家にも知ってもらいたいと考え，5月12日に韓国水資源学会春季全国大会が仁川大学で開かれることから，海外事例も含めて吉川部長に講演を依頼しました。また，私が東京で吉川部長の自然共生型流域圏の話に非常に感銘を受けたことを韓国建交部水資源局長の金昌世局長(現次官補)に説明し，5月11日に韓国建交部水資源局の職員と建設技術研究院の研究員40人以上を前に吉川部長に講演してもらいました。

(3)　清渓川復元事業

清渓川については，すでに梁副市長，李龍太氏が詳しく説明されているので，ここでは簡単に紹介します。写真-3は，清渓川復元後のイメージで，清渓川復元事業は行政により迅速に整備が進められています。この事業が完成すると，ソウル市内の中心部に市民へのアメニティ空間が創出され，新たな都市基盤になると思っています。

写真4～6は撤去前の沿道の風景で，中小零細の問屋等がひしめいていたところ

第Ⅲ章　清渓川再生に関連した講演記録から

写真-3　清渓川復元後のイメージ

写真-4　高速道路が撤去される前の清渓川路

2．日本と韓国の交流について

写真-5　高速道路が撤去される前の沿道風景（上），撤去された後の沿道風景（下）

写真-6　事業の反対デモの光景

です。そこにいた人たちはどうしたのでしょうか。事業のために，自分の意志に関わりなく立ち退かされた人々がいることを忘れてはなりませんが，同時に，彼らへの救済措置も行われていること，そして市民が徐々に事業に理解を示し合意してきたことも，忘れてはいけません。

（4） 日本の都市河川

日本では，東京の日本橋川が地域性をもった取組みをしていることを知っています。日本橋川はある意味で清渓川と同じ性格をもっていると思います。

これは，首都の顔としての河川を復元し，川に目を向けた都市づくりであり，一方で交通手段を確保するための代換措置について市民を交じえて協議が進められていることも知っています。大阪ではライトアップなど，違った取組みを行っていると聞いております。

2004年3月7日，渋谷川の「春の小川」を原点に第1回世界都市河川フォーラムが

写真-7　日本橋川の過去と現在

写真-8 「第一回世界都市河川ルネッサンス」フォーラムの模様

開催されました。清渓川復元事業推進本部の辛宗昊という復元担当課長が，清渓川の復元事業を世界に呼びかけるためにフォーラムに参加しています。私は参加できなかったのですが，このホームページ（「世界都市河川ルネッサンス（http://www.shibuyagawa.net）」）に載っている「川が生きかえると，都市そのものが生きかえる。人の暮らしがゆたかに息づいてくる」のメッセージには深い感銘を受けました。日本から世界へ水辺からの都市再生の情報を発信し，行動していく，すばらしいことだと実感しました。

ソウルでできて日本でできないことはありません。水辺からの都市再生という観点から，日本橋川をはじめ，全国の都市河川の再生を願っております。

(5) 市民意識

韓国では，治水による安全確保と飲料水の確保が問題で，ダムによる水資源開発が重要な課題となっています。しかし，市民団体の人たちによって建設が反対され，建設が止まっているダムもあります。写真-9は，漢江の東江ダム建設への反対デモで，市民意識の高まりによって建設が難しくなっているのも事実です。最近では，38度線近くの江原道というところにダムを計画していますが，やはり，その地域でもNPOの人たちが反対して，着工が1年以上延びています。市民の方々の意識が高まった結果の副産物といえます。これは日本の高度成長期の終焉頃に似ています。

20年前緑がない 　　　　　緑が戻ってきた 　　　　　しかし，スモッグは多い

ダム反対水上デモ　　　　　　　　　　　　　　環境整備の取り組み
写真-9　市民の環境意識

地域環境

（6）掘浦川放水路と京仁運河両事業の始まり

　掘浦川放水路と京仁運河について説明します。掘浦川放水路と京仁運河の建設の是非については，1987年から今日まで20年以上にわたり議論の的となり，その都度，事業の可能性の調査を数度実施しています。また，漢江上流の八堂ダムはソウル市民の上水道の水源ですが，そこを経由して南漢江へ230kmの舟運計画を建設交通部が30年ほど前から計画しており，南漢江の舟運計画と関連するものが京仁運河事業でした。

　掘浦川放水路は，漢江の左岸の掘浦川の治水対策のために洪水時は流域変更をして仁川側に洪水を流すためのものです。1987年から頻繁に京仁地域に集中豪雨があり，甚大な水害が起こったため，掘浦川の総合治水計画として放水路事業が計画されました。放水路の平常時の活用としては，治水事業を実施する放水路だけではなく，漢江と仁川を結ぶ運河事業を併せて計画しました。掘浦とは「運河」を意味する言葉です。李朝時代，500年ほど前からこの付近には運河の計画があり，運河の歴史を物語るものとなっています。

2．日本と韓国の交流について

　京仁運河が計画された理由は，ソウルや仁川の渋滞を解消するため，車による排気ガスの減少と円滑な物流システムを作るためでした。これにより，ソウルと仁川間の環境問題を解決するとともに，新しい運河での舟運による物流と観光に役立ち，水辺からの都市環境への貢献を考えたことにあります。

　1995年からは，韓国の大手建設会社が参加する民間資本を活用して建設を進めていました。1997年11月には韓日運河シンポジウムを開催し，運河に関係する専門家が集まり，交流を深めてきました。

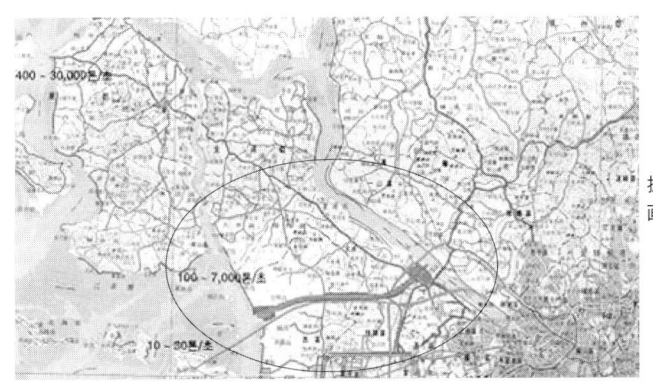

掘浦川放水路と京仁運河の計画

スモッグによるモーダルシフトの必要性 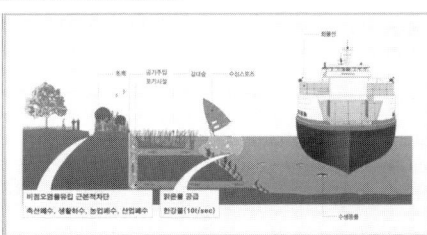　　環境に優しい交通手段の確保

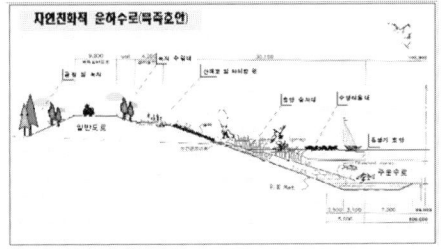

河岸をアメニティの場とし，水質や生態系に配慮した計画立案
写真-10　掘浦川放水路・京仁運河事業（その1）

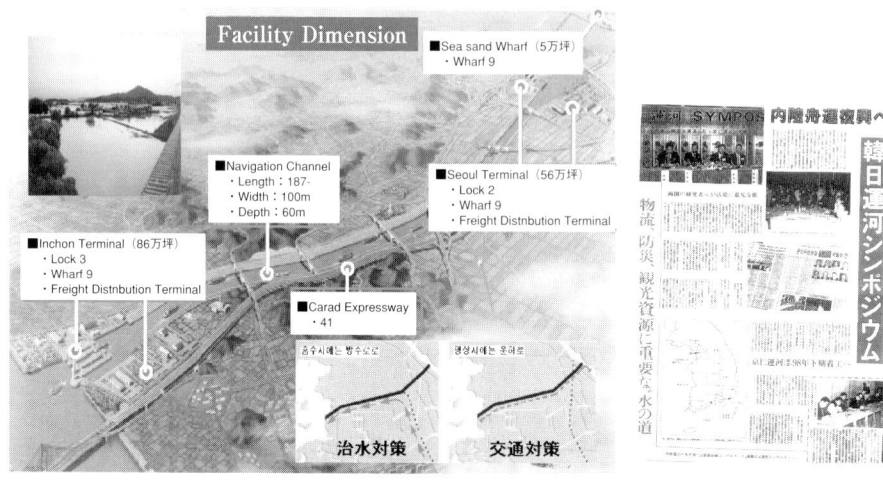

第Ⅲ章　清渓川再生に関連した講演記録から

韓日運河シンポジウム
写真-11　掘浦川放水路・京仁運河事業（その2）

　しかし，民間資本の財政的な問題，水質やごみ運搬による環境悪化を懸念する市民の声，市民団体が実施した事業評価等の観点から，京仁運河の建設は現在ストップしています。東京湾でも船によるごみ処理を行っているように，陸路で運搬するよりも安くて速い舟運によるごみ輸送を考えていました。ヨーロッパや日本でごみ処理の運搬路としてうまく使っているにもかかわらず，韓国のNPOの人たちは漢江にごみの船がくると汚くなると反対したのです。

(7)　環境と経済，市民との関わり
　去年の3月，第3回水フォーラムで「水と交通」のセッションが作られたことはよ

かったと思います。私は，運河建設がソウルと仁川間の環境問題だけでなく，韓国における交通問題の解消に重要でありながら理解されないことに悩み，賛成・反対の立場の人を20人ほど京都に連れてきました。世界の舟運の現状を市民団体の方々に見てもらう機会を与えたかったからです。

写真-12　世界水フォーラムに市民団体が勉強のために参加

(8) 現在の堀浦川放水路事業

その後の状況ですが，堀浦川放水路の建設事業は将来的な運河整備の可能性を含みながら現在も進められています。運河事業を中止すると将来的な損失になることから，韓国水資源公社は，この7月2日に，京仁運河を含めた放水路の底幅を100mの計画としていたものを，放水路のみで底幅を80mに変更し，運河の機能を確保できないか考えながら建設を進めています。

写真-13　堀浦川放水路の整備状況（漢江側）

写真-14　掘浦川放水路の整備状況（仁川側）

（9）　放水路と運河事業から見た交流

掘浦川放水路については，運河を考慮した設計が盛り込めないことから，韓国水資源公社ではフィージビリティスタディを国際コンペで行うことにしています。私は，このようなコンペのときには，国も一緒に取り組むことが必要と考えています。このような問題をうまく解決して連携しているのがオランダです。オランダでは，大学の教授，コンサルタント，政府が一緒になって取り組み，京仁運河のフィージビリティスタディに参加しているため，発注者に対して技術的にきめ細かな対応が可能となっています。日本でも，河川技術，舟運，港湾の専門家が協力して考えて頂ければ，この放水路事業が韓日の協力の証しになると私は考えます。

（10）　環境親和

今，韓国では「環境親和」という言葉が流行っています。環境に優しく自然に親しむという意味です。

そのなかでも韓国の水辺環境に関し毎日のようにテレビ等で報じられているのが，漢江等の河川や湖沼での水質保全の問題です。水質問題が大きいのは，流域での下水道の整備が遅れていることや，河川や湖沼での利用者による汚濁原因となるものの放棄等があります。

掘浦川ではBODで100 mg/lと，日本の綾瀬川の1972（昭和47）年頃の水質と同じくらいですが，今日の綾瀬川では水環境が改善されつつあると聞いています。

すなわち，都市の再生においては水質問題も重要な課題であり，まわりがよくな

っても河川の中が変わらないと水辺からの都市再生とはいえないものと感じています。

写真-15　清渓川の下水道整備　　　写真-16　漢江の噴水（観光と浄化目的）

（11）　水辺からの都市再生

これからの水辺からの都市再生には，日本でも韓国でも，市民がいかに自分の問題と捉え，自分たちが住んでいる地域をよくしていくかにかかっています。そのた

写真-17　漢江に顔を向けた住宅，商業施設，観光施設の整備

めには，行政の発案に対する市民の合意形成も大切ですし，市民自らが問題提起をし，それに耳を傾ける行政の真摯な姿も必要であろうと思います。お互いに協力し，信頼することが大切です。

（12） 今後の韓日建設土木技術の交流

長年にわたり，建設土木分野における韓日技術交流が進められており，成熟した関係が構築されつつあることを私は実感しています。

韓国の水資源公社や建設交通部と日本の国土交通省とは，建設技術の分野で何十年も協力関係にあり，さまざまな問題について，韓日河川局会議や道路会議等のように，実際どのように対処していくか意見交換できる場所があります。しかし，それとは別に，「水辺からの都市再生」シンポジウムはソウル特別市と東京都がジョイントシンポジウムという形で開催しました。私は，ソウル特別市と東京都が都市に必要な社会資本の整備に対して，このシンポジウムをきっかけに，交互に1年に1度は開催し，交流を深めていくことを提案します。

2006年にはメキシコで第4回世界水フォーラムが開催されます。そのとき，アジア圏のなかで韓国と日本が互いに協力し，運河や舟運の実現を目指すことはすばらしいことです。そのためには，メキシコで開催される世界水フォーラムに向けて，アジアの中での仕組みづくりが必要と考えています。

（13） 21世紀の韓日交流の発展

これまでの話を通して，私は思います。21世紀は，日本，韓国をはじめとするアジアで培ってきた土木技術や叡智を結集して，さらなる飛躍・向上をはかるべきです。

私たちは，先人たちの友好的な交流を思い起こし，未来に生かさなくてはなりません。世界の人口の6割を占めるアジア全体の平和と発展を考えても，私たち土木技術者が国境を越えて果たすべき役割は大きいと痛感します。

これは土木技術を通じた交流だけではありません。文化における草の根の交流も大事です。私は現在，韓国の社団法人韓日文化協会の副会長も務めていますが，文化や人的交流を通じて相互理解と協力を図るため，日本人留学生の交流支援を行っており，今後も韓日の架け橋になれればと思います。

(注) 金光鎰先生は，この講演の後，2004年8月に第3回アジア土木技術国際会議（CECAR）及びスペシャルフォーラムⅡを同協議会会長として主催された。その会議の参加者の多くは，清渓川再生現場を視察した。また，サイドイベントとして「冬のソナタ」の撮影場所となった春川のランドスケープ（川やダム，公園等）の視察も行われた。

おわりに

　本書は，韓国ソウル市の最も歴史のある河川（清渓川）の復元プロジェクトの報告である。蓋をかけられ，その上を平面道路と高架の高速道路に占有されていた河川の復元により，歴史と文化を復元して環境にやさしい都市とし，周辺を再開発し，そして東アジアを代表する国際都市にするという，世界でも注目される事業の報告として企画・出版したものである。その事業を直接進める当事者からの報告がその核心をなしている。

　大都市の中心を流れる清渓川復元事業は，それだけでも注目されるものである。また，都市内の平面道路と高架の高速道路を撤去する場合には，多くの場合は地下に交通容量を高めて再建するのが通常であるが，ソウルの清渓川再生プロジェクトでは再建はせず，都心の交通をマネジメントするとう交通政策としても注目される。さらに重要な点は，川の復元と高架高速道路の撤去を第一段階として，それを核として周辺の都市を再整備し，それにより，騒音と大気汚染の都市といわれていたソウルを環境にやさしい都市にするという都市マネジメントの志である。

　本書は，この清渓川復元プロジェクトの実際を知っていただくことをねらいとしており，いわゆる書き下ろしではなく講演による報告の記録をもとにしている部分が多いこと等から，粗削りで骨太な面があるが，それだけに政策決定や事業実施に関わる生き生きとした状況を知っていただけるのではないかと考えている。世界的に注目される事業の進展と同時並行のホットな情報として，また，将来的には歴史的，政策的，事業的な面でのリアルな記録とし価値があると考えている。

　この事業の第一段階の事業（道路の撤去，河川の復元）は，2005年9月までに完了する予定である。完成のセレモニーは同年10月初めに予定されており，その頃に現地を訪れると，都市構造・都市景観の大きな変化ともに，川に沿って市民が散策をする風景等も見られ，ソウルという都市の魅力も向上しているのではないかと推察される。

水辺からの都市再生（自然共生型流域圏・都市の再生）については，清渓川再生プロジェクトのほかにも注目すべきものがあり，本書でも国内の事例や海外の事例についての概要的な報告を行った。今後さらに，国内ワークショップや国際フォーラムの開催とその報告を幅広く行うとともに，水辺からの都市再生シナリオの作成と実践への反映を目指していきたいと考えている。

　2004年12月

吉　川　勝　秀

筆者・講演者プロフィール

梁　鋭在（ヤン　ユンジュ）
　1949年生まれ。ソウル特別市副市長。ソウル大学校建築学科卒業。アメリカ・イリノイ工大建築大学院，ハーバード大学大学院卒業。1973年12月～75年6月，ILYANG建築研究所，1976年5月～78年8月，アメリカ S.O.M Chicago，1979年10月～81年5月，アメリカ S.O.M Boston・Washington に建築士として勤務。1981年9月からソウル大学校環境大学院教授。2002年8月からソウル特別市清渓川復元推進本部長を歴任

李　龍太（イ　ヨンテ）
　1959年生まれ。ソウル特別市清渓川復元推進本部工事3担当官。ソウル大学校林学科卒業。1999年東京大学大学院農学生命科学研究科卒業（修士）。1992年4月～94年1月，ソウル特別市漢江管理事業所緑地課長，1994年2月～96年9月，ソウル特別市緑地課造景管理係長，2000年5月～01年1月，ソウル特別市公園緑地管理事業所公園運営課長を歴任

三浦裕二（みうら　ゆうじ）
　1936年生まれ。日本大学理工学部卒業。元日本大学理工学部教授。2002年に退職し日本大学名誉教授に。専門は舗装工学・環境工学。通産省景観材料研究委員会をはじめ，県・市の各種審議会，委員会委員長を歴任。第3回世界水フォーラム「水と交通」実行委員長。1989年よりNPO「都市環境研究所」を主宰

吉川勝秀（よしかわ　かつひで）
　1976年建設省入省。土木研究所研究員，下館工事事務所長，河川局流域治水調整官，大臣官房政策企画官，国土交通省政策評価企画官，国土技術政策総合研究所環境研究部長を経て，(財)リバーフロント整備センター技術普及部長，慶応義塾大学大学院政策・メディア研究科教授。著書に『市民工学としてのユニバーサルデザイン（編著）』『水辺の元気づくり（編著）』（理工図書），『人・川・大地と環境』『河川流域環境学』『流域圏プランニングの時代（共著）』（技報堂出版），『川で実践する福祉・医療・教育（編著）』（学芸出版社），『東南アジアの水（共著）』（日本建築学会）など

金　翰泰（キム　ハンテ）
　1964年生まれ。ソウル大学大学院卒業。1998年京都大学大学院博士号取得。1999～2000年3月ソウル大学特別研究員。2000年4月～2001年7月韓国建設技術研究院水資源研究部専任研究員。2001年8月～現在　科学技術部／建設交通部水資源持続的確保技術開発事業団首席研究員

金　光鎰（キム　カンイル）
　アジア土木学協会連合協議会会長（現名誉顧問）。1960年3月，ソウル大学校工学大学土木工学科卒業。海軍本部施設監室，浦項製鐵㈱，信和建設㈱勤務の後，現在POSCO開発㈱相談役。2001年3月に「韓国釜運河の実現可能性に関する研究」で日本大学理工学部交通土木工学科工学博士学位取得。大韓土木学会第32代会長，日本土木学会フェロー，日本港湾協会正会員を歴任。大韓土木学会技術賞，大韓土木学会功労賞，日本土木学会国際貢献賞などを受賞。2004年8月，ソウルにて第3回アジア土木技術者会議を主宰

川からの都市再生	
―世界の先進事例から―	定価はカバーに表示してあります
2005年3月30日　1版1刷発行	ISBN 4-7655-1678-4 C3051

編　者　　財団法人リバーフロント整備センター
発行者　　長　　　祥　　　隆
発行所　　技報堂出版株式会社
　　　　　〒102-0075 東京都千代田区三番町8－7
　　　　　　　　　　（第25興和ビル）

日本書籍出版協会会員
自然科学書協会会員　　　電　話　営　業（03）（5215）3165
工　学　書　協　会　会　員　　　　　　　編　集（03）（5215）3161
土木・建築書協会会員　　FAX　　　　（03）（5215）3233
　　　　　　　　　　　　振　替　口　座　　00140－4－10
Printed in Japan　　　　http://www.gihodoshuppan.co.jp/

© Foundation for Riverfront Improvement and Restoration, 2005
　　　　　　　　　　　　装幀　ストリーム　　印刷・製本　技報堂

落丁・乱丁はお取り替え致します
本書の無断複写は，著作権法上での例外を除き，禁じられています